极值与最值（下卷）

南秀全初等数学系列

南秀全 编著

◎ 冻结变量法
◎ 累次求极值法
◎ 最小数原理及其应用
◎ 最小数或最大数原理在解题中的应用
◎ 极端原理及其应用
◎ 线性规划问题

哈尔滨工业大学出版社
HARBIN INSTITUTE OF TECHNOLOGY PRESS

内容简介

本书共分4章. 介绍了如何运用冻结变量求极值,并阐述了极值与最值的相关应用.

本书适合中学师生及广大数学爱好者阅读学习.

图书在版编目(CIP)数据

极值与最值. 下卷/ 南秀全编著. —— 哈尔滨:哈尔滨工业大学出版社,2015.6
ISBN 978 - 7 - 5603 - 5410 - 1

Ⅰ. ①极… Ⅱ. ①南… Ⅲ. ①极值(数学) Ⅳ. ①O172

中国版本图书馆 CIP 数据核字(2015)第 117103 号

策划编辑	刘培杰　张永芹
责任编辑	张永芹　李　欣
封面设计	孙茵艾
出版发行	哈尔滨工业大学出版社
社　　址	哈尔滨市南岗区复华四道街 10 号　邮编 150006
传　　真	0451 - 86414749
网　　址	http://hitpress.hit.edu.cn
印　　刷	哈尔滨市石桥印务有限公司
开　　本	787mm×960mm　1/16　印张 12.25　字数 125 千字
版　　次	2015 年 6 月第 1 版　2015 年 6 月第 1 次印刷
书　　号	ISBN 978 - 7 - 5603 - 5410 - 1
定　　价	28.00 元

(如因印装质量问题影响阅读,我社负责调换)

目 录

第9章 冻结变量法 //1
- 9.1 累次求极值法 //2
- 9.2 磨光法 //7
- 9.3 调整法 //24
- 习题 //47

第10章 最小数原理及其应用 //51
- 10.1 什么是最小数原理 //51
- 10.2 最小数原理与数学归纳法 //53
- 10.3 最小数或最大数原理在解题中的应用 //55
- 10.4 最小数原理的又一个应用 //72
- 习题 //75

第11章 极端原理及其应用 //81
- 11.1 什么是极端原理 //81
- 11.2 极端原理在应用中的几种常见类型 //84
- 11.3 极端原理在解题中的应用 //90
- 11.4 极端原理与我国高中数学竞赛题 //95

第 12 章　线性规划问题　//103
　　12.1　两个简单的例子　//103
　　12.2　线性规划在实际问题中的应用　//109
　　习题　//161
部分习题答案或提示　//163
　　第 9 章　//163
　　第 10 章　//166
　　第 12 章　//174

冻结变量法

第 9 章

在某些极值问题中,变量或变动因素较多.这些变量同时变化,互相制约,互相干扰,往往使人感到纷繁复杂,漫无头绪,难以下手.其实,这时我们可以对这些变量分而治之,即我们让大多数变量"冻结",而只允许少数变量变动,借此机会搞清所论的量对这少数变量的依赖关系,然后让冻结的变量解冻而重新动起来,以达到最后解决问题的目的.

这里,我们所讨论的极值问题多种多样,其中有的可用多元函数来表示,有的则不能明确地写成多元函数.但为了叙述方便,我们统一地把求最值的量视为多个变量或变动因素的多元函数,而把使函数达到最值的诸变量的值的多元组称为最值点.当我们使用冻结变量法处理极值问题时,既可从函数值入手,使函数值一步一步走向最值,也可从自变量入手,使自变量较快地达到最值点;既可从正面推导,也可从反面论证.这些就是我们将要分别加以介绍的累次求极值法、磨光法和调整法.

极值与最值(下卷)

9.1 累次求极值法

为了说明这个方法,让我们回忆我国参加亚运会的运动员的选拔过程.首先由基层单位推荐,在各区县选拔最优秀的运动员,然后这些选手到所在省市参加比赛,选出各省市的最优秀的运动员.最后再进行全国选拔赛,选出最优秀的选手,代表我国去参加亚运比赛.我们所要介绍的累次求极值法,正是这样一个过程,即先将一些变量冻结在固定值,对于较少变量求出最值.然后使另一些变量解冻,当它们变化时,求第一步求出的那些最值的最值,这样一步一步地求下去,得到题中所要求的最值.

例 1 求三位数与其各位数字之和的商的最小值,并写出这个三位数.

解 设三位数为 $100x+10y+z$,它与其各位数字之和的商为 w,其中 $1\leqslant x\leqslant 9, 0\leqslant y,z\leqslant 9$

$$w=\frac{100x+10y+z}{x+y+z}=1+\frac{9(11x+y)}{x+y+z} \quad (1)$$

在式(1)中,若固定 x,y,让 z 变化,则当 $z=9$ 时,w 取最小值,故 $z=9$.于是

$$\begin{aligned}w&=1+\frac{9(11x+y)}{x+y+9}\\&=1+\frac{9[(x+y+9)+10x-9]}{x+y+9}\\&=1+9(1+\frac{10x-9}{x+y+9})\\&=10+\frac{9(10x-9)}{x+y+9} \quad (2)\end{aligned}$$

2

在式(2)中,若固定 x,让 y 变化,则当 $y=9$ 时,w 有最小值,故 $y=9$,有

$$w = 10 + \frac{9(10x-9)}{x+18}$$
$$= 10 + \frac{9[(x+18)+9x-27]}{x+18}$$
$$= 10 + 9(1 + \frac{9x-27}{x+18})$$
$$= 19 + 9[\frac{9(x+18)-189}{x+18}]$$
$$= 19 + 9(9 - \frac{189}{x+18})$$
$$= 100 - \frac{1701}{x+18} \qquad (3)$$

在式(3)中,要使 w 取得最小值,只有 x 取最小值1. 故三位数为199

$$w_{\min} = \frac{199}{1+9+9} = 10\frac{9}{19}$$

例2 在已知锐角 AOB 内有一定圆 C. 试在圆 C,OA,OB 上各求一点 P,Q,R,使 $PQ+QR+RP$ 有最小值.

分析 若点 P 在圆上已确定,则应设法确定 Q,R 的位置. 如图9.1所示,分别作点 P 于 OA,OB 的对称点 P_1,P_2. 联结 P_1P_2 与 OA,OB 分别交于 Q,R,根据"两点之间线段最短"知,$PQ+QR+RP$ 的值最小. 因此,解答本题的关键在于确定点 P 的位置. 由 $\angle PMO = \angle PNO = 90°$,知 P,M,N,Q 四点共圆,OP 为此圆的直径. 又 $MN = \frac{1}{2}P_1P_2 = \frac{1}{2}(PQ+QR+RP)$,所以,当 MN 最小时,$PQ+QR+RP$ 也最小. 而在以 OP

为直径的圆中,由正弦定理可得,当 OP 最小时,MN 便最小,故点 P 是联结 OC 的线段与圆 C 的交点.

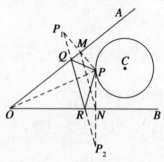

图 9.1

例 3(1978 年北京市数学竞赛题) 如图 9.2 所示,设有一直角 QOP,试在 OP,OQ 边上及角内各求一点 A,B,C,使 $BC + CA = l$(定长)且四边形 $ACBO$ 的面积最大.

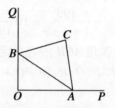

图 9.2

解 (1)先设线段 AB 长度不变. 这时,$AB + BC + CA = AB + l$ 为定长. 于是由等周定理知,当 $BC = CA = \frac{l}{2}$ 时,$\triangle ABC$ 面积最大. 另一方面,$\triangle ABO$ 底边 AB 一定,顶角为直角,故由等周定理又知它为等腰三角形时面积最大. 将二者结合起来便知,当 $OB = OA$ 且 $AC = BC = \frac{l}{2}$ 时,四边形 $ACBO$ 的面积最大. 这时,点 C 在

$\angle AOB$ 的平分线上.

（2）上述条件下，让 AB 变动，看何时四边形 $ACBO$ 面积最大. 这时，四边形 $ACBO$ 的面积是 $\triangle AOC$ 面积的二倍. 由于 $AC = \dfrac{l}{2}$ 为定长，$\angle AOC = 45°$ 为定角，故又知当 $OA = OC$ 时 $\triangle AOC$ 面积最大，从而四边形 $ACBO$ 的面积也最大.

综上，我们得到，当点 C 在 $\angle QOP$ 的平分线上，$BC = CA = \dfrac{l}{2}$ 且 $OB = OC = OA$ 时，四边形 $ACBO$ 的面积最大，亦即当 A,C,B 为以 O 为心，边长为 $\dfrac{l}{2}$ 的正八边形的相邻三个顶点时，四边形 $ACBO$ 的面积最大.

例4（1979 年 IMO 试题） 已知平面 π，π 上一点 P 及 π 外一点 Q，在 π 上求出点 R，使 $(QP + PR)/QR$ 取最大值.

解 对于平面 π 上任意一点 R，联结 RP 并延长到 S，使 $PS = PQ$. 联结 QS, QR，并记 $\angle SQR = \varphi$，$\angle QPR = 2\theta$，于是 $\angle S = \theta$.（图 9.3）

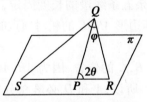

图 9.3

由正弦定理有

$$\lambda = \frac{QP + PR}{QR} = \frac{SR}{QR} = \frac{\sin\varphi}{\sin\theta}$$

当 θ 取定值，即当 R 在平面 π 上通过点 P 的定直线上变动时,显然,比值 λ 于 φ = 90°时取最大值,而 φ = 90°当且仅当 PR = PQ. 然后让 θ 变化,显然,θ 是锐角,故当 θ 取得最小值时 λ 最大.

设 Q 在 π 上的射影为 T. 若 T 不与点 P 重合,则当 R 在射线 PT 上且 PR = PQ 时, λ 取得最大值. 当 T 与 P 重合时,平面 π 上以 P 为心,PQ 为半径的圆上的任何一点 R 都满足要求.

例 5(1985 年美国数学竞赛试题) 如图 9.4 所示,设 A,B,C,D 为空间中四点,连线 AB,AC,AD,BC,BD,CD 中至多有一条长度大于 1,试求这六条线段长度之和的最大值.

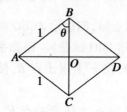

图 9.4

解 设 AD 为六条线段中最长的一条.

(1)将其余五条线段的长度固定,容易看出,当 A 和 D 为平面四边形 ABDC 的相对顶点时,AD 取得最大值.

(2)固定 B,C 的位置. 因为 AB,AC,BD,CD 的长度都不超过 1,所以,A 和 D 必落在分别以 B 和 C 为心,1 为半径的两圆的公共部分上. 这时,具有最大可能距离的唯一的一对点就是两圆的两个交点. 而当 A,D 为这两点时,AB,BD,AC,CD 均为 1,恰好达到它们各自的最大值.

(3)留下的问题是 BC 变小时,AD 变大;BC 变大

时，AD 变小. 因此，我们必须在其余四边固定为 1 的条件下，考虑 $BC+AD$ 的最大值.

记 $\angle ABO = \theta$. 由于 $AB = 1, 0 < BC \leq 1$，故知 $\dfrac{\pi}{3} \leq \theta < \dfrac{\pi}{2}$. 于是有

$$AD + BC \leq 2(\sin\theta + \cos\theta) = 2\sqrt{2}\sin(\theta + \dfrac{\pi}{4})$$

注意，$\sin(\theta + \dfrac{\pi}{4})$ 在区间 $\dfrac{\pi}{3} \leq \theta < \dfrac{\pi}{2}$ 上为减函数，所以当 $\theta = \dfrac{\pi}{3}$ 时取得最大值. 这时，六条线段之和的最大值为

$$4 + 2(\sin\dfrac{\pi}{3} + \cos\dfrac{\pi}{3}) = 5 + \sqrt{3}$$

9.2 磨光法

上面所介绍的累次求极值法，确实是一个条理清晰、脉络分明的好方法. 但是，对于另外一些极值问题，使用它时将会产生麻烦. 为说明这一点，让我们来看下面的几个例题.

例 1 设 A, B, C 是三角形的三个内角，求 $\sin A + \sin B + \sin C$ 的最大值并问最大值于何时取得？

解法 1 按照冻结变量和累次求极值的思路，我们先固定 C 不动，于是 $A + B = \pi - C$ 为常数且

$$\sin A + \sin B = 2\sin\dfrac{A+B}{2}\cos\dfrac{A-B}{2} \tag{1}$$

容易看出，在 C 固定的条件下，当 $A = B$ 时，

极值与最值(下卷)

$\sin A + \sin B + \sin C$ 取得最大值 $2\cos\dfrac{C}{2} + \sin C$. 再令 C 变动并求最大值. 为此, 我们改写

$$2\cos\dfrac{C}{2} + \sin C = 2\cos\dfrac{C}{2}(1 + \sin\dfrac{C}{2})$$

$$= 2\sin\dfrac{\pi - C}{2}(1 + \cos\dfrac{\pi - C}{2})$$

$$= 8\sin\dfrac{\pi - C}{4}\cos^3\dfrac{\pi - C}{4} \quad (2)$$

为求式(2)右端表达式的最大值, 我们利用均值不等式有

$$\dfrac{1}{27}\sin^2\alpha\cos^6\alpha \leq \left(\dfrac{\sin^2\alpha + \dfrac{1}{3}\cos^2\alpha + \dfrac{1}{3}\cos^2\alpha + \dfrac{1}{3}\cos^2\alpha}{4}\right)^4$$

$$= \left(\dfrac{1}{4}\right)^4$$

其中等号成立当且仅当 $\sin^2\alpha = \dfrac{1}{3}\cos^2\alpha$, 解得 $\alpha = \dfrac{\pi}{6}$. 因而知当 $C = \dfrac{\pi}{3}$ 时, 式(2)右端表达式取得最大值 $8 \times \dfrac{3\sqrt{3}}{16} = \dfrac{3}{2}\sqrt{3}$. 从而, 当且仅当 $A = B = C = \dfrac{\pi}{3}$ 时, $\sin A + \sin B + \sin C$ 取得最大值 $\dfrac{3}{2}\sqrt{3}$.

实际上, 当我们写出式(1)并得知当 $A = B$ 时取最大值之后, 立即看出当且仅当 $A = B = C$ 时, $\sin A + \sin B + \sin C$ 取最大值, 但要把这一点作为结论又嫌理由不足. 原因是当 $A = B$ 时, 未必与 C 相等. 若再限定 A 而来考察 $\sin B + \sin C$, 又可得知 $B = C$ 时取最大值, 但这又破坏了前面的条件 $A = B$. 而且, 无论这样进行

8

多少次平均,都无法保证 A,B,C 三角变得全相等. 当然,这时可以取极限,但这又涉及连续函数的极限问题,对于中学生不易讲清. 也许有人会说,没有必要反复进行,只要在进行一次之后,利用对称性即可得到所要的结论. 这看起来是对的,实际上也往往是对的. 但要细查起来,这实际上是由反证法推出的,即如果三个角中有两个不等,在这种情形下一定不能取最大值,所以最大值一定在三个角都相等的情况下取得. 但是,这一推理暗中用到了最大值一定存在这一事实,这又是一个中学生不易搞清的问题.

下面我们换一种方法来解此题. 既然我们从式(1)已经看出所论表达式当且仅当 $A=B=C$ 时取最大值,当我们冻结变量后分步处理时,就不必保证每步都取最大,而只要使 (A,B,C) 逐步接近最大值点 $(\frac{\pi}{3},\frac{\pi}{3},\frac{\pi}{3})$ 且保证经有限步必可达到最大值点即可.

解法 2 由对称性知可设 $A \leqslant B \leqslant C$. 若 A,B,C 不全相等,则 $A < \frac{\pi}{3} < C$. 令

$$A' = \frac{\pi}{3}, B' = B, C' = A + C - \frac{\pi}{3} \tag{3}$$

则 $|A' - C'| < |A - C|$,于是

$$\sin A + \sin C = 2\sin\frac{A+C}{2}\cos\frac{A-C}{2}$$
$$< 2\sin\frac{A'+C'}{2}\cos\frac{A'-C'}{2}$$
$$= \sin A' + \sin C'$$

如果 $B' \neq C'$,则可再进行一次上述变换而使三个

极值与最值(下卷)

角都相等,从而得到

$$\sin A + \sin B + \sin C \leqslant 3\sin\frac{\pi}{3} = \frac{3}{2}\sqrt{3}$$

其中等号成立当且仅当 $A = B = C = \frac{\pi}{3}$,这就证明了 $\sin A + \sin B + \sin C$ 当且仅当 $A = B = C$ 时取得最大值 $\frac{3}{2}\sqrt{3}$.

显然,解法 2 的方法比解法 1 简单扼要,原因在于我们充分利用了已看出最大值点这一信息. 变换式(3)的特点在于使点的坐标分量有一个与最大值点相同,这就保证了至多经 $n-1$ 次变换(n 为变量数)即可达到最大值点.

例 2(1990 年全苏竞赛题) 已知二次三项式 $f(x) = ax^2 + bx + c$ 的所有系数都是正的,且 $a + b + c = 1$. 求证:对于任何满足 $x_1 x_2 \cdots x_n = 1$ 的正数组 $x_1, x_2, \cdots, x_n$,都有

$$f(x_1)f(x_2)\cdots f(x_n) \geqslant 1 \qquad (4)$$

证明 显然,$f(1) = 1$. 若 $x_1 = x_2 = \cdots = x_n = 1$,不等式(4)中等号成立.

若 $x_1, x_2, \cdots, x_n$ 不全相等,则其中必有 $x_i > 1, x_j < 1$. 由对称性知,可设 $i = 1, j = 2$,于是有

$$f(x_1)f(x_2)$$
$$= (ax_1^2 + bx_1 + c)(ax_2^2 + bx_2 + c)$$
$$= a^2 x_1^2 x_2^2 + b^2 x_1 x_2 + c^2 + ab(x_1^2 x_2 + x_1 x_2^2) +$$
$$\quad ac(x_1^2 + x_2^2) + bc(x_1 + x_2) \qquad (5)$$
$$f(1)f(x_1 x_2)$$
$$= (a + b + c)(ax_1^2 x_2^2 + bx_1 x_2 + c)$$

$$= a^2 x_1^2 x_2^2 + b^2 x_1 x_2 + c^2 + ab(x_1^2 x_2^2 + x_1 x_2) +$$
$$ac(x_1^2 x_2^2 + 1) + bc(x_1 x_2 + 1) \tag{6}$$

式(5) - (6)即得

$$f(x_1)f(x_2) - f(1)f(x_1 x_2)$$
$$= abx_1 x_2(x_1 + x_2 - x_1 x_2 - 1) +$$
$$ac(x_1^2 + x_2^2 - x_1^2 x_2^2 - 1) + bc(x_1 + x_2 - x_1 x_2 - 1)$$
$$= -abx_1 x_2(x_1 - 1)(x_2 - 1) -$$
$$ac(x_1^2 - 1)(x_2^2 - 1) - bc(x_1 - 1)(x_2 - 1) > 0$$

注意:上式每项中两个括号中的因式都是异号的. 由此可见,在变换 $x_1' = 1, x_2' = x_1 x_2, x_k' = x_k, k = 3, \cdots, n$ 之下,有

$$f(x_1)f(x_2)\cdots f(x_n) > f(x_1')f(x_2')\cdots f(x_n')$$

如果 $x_1', x_2', \cdots, x_n'$ 不全相等,则又可进行类似的变换,而且每次变换都使 $x_1, x_2, \cdots, x_n$ 中等于1的个数至少增加一个. 所以,至多进行 $n-1$ 次变换,必可化为诸 x_i 全相等的情形. 从而有

$$f(x_1)f(x_2)\cdots f(x_n) > [f(1)]^n = 1$$

这就完成了证明.

如果我们用函数观点来看上面的例子,不难看出,例1是求函数 $f(A, B, C) = \sin A + \sin B + \sin C$ 在 $A + B + C = \pi$ 的条件下的最大值;例2是求函数 $g(x_1, x_2, \cdots, x_n) = (ax_1^2 + bx_1 + c)(ax_2^2 + bx_2 + c)\cdots(ax_n^2 + bx_n + c)$ 在条件 $x_1 x_2 \cdots x_n = 1$ 之下的最小值问题. 这就是说,三个问题都是条件极值问题,而且最值都是在所有自变量取等值时取得.

就解题方法而言,三个题目的解决过程是类似的. 大致步骤如下:

(1)通过观察或分析,推测出最值点 $(x_1^0, x_2^0, \cdots,$

x_n^0);

(2)选取两个适当的变量而固定其余变量不动,在保证约束条件不变的情况下引入自变量的变换,变换后新变量之一等于最值点的相应分量的值;

(3)验证在上述变换之下,函数值是向着符合题中要求的方向变化;

(4)至多进行 $n-1$ 次这样的变换即可达到最值点,从而完成全部证明.

如果把自变量的值互不相等视为凹凸不平,则都取等值时就是光滑平整. 我们的解题过程就是使凹凸不平状态逐步变到光滑平整状态. 所以,我们把这种解题方法称为磨光法,其中所作的变换称为磨光变换. 确切地说,磨光就是使自变量组按着坐标逐步接近最值点并经有限步达到最值点,从而完成最值证明的方法.

上面的两个例子及许多其他题目中,最值都是在自变量取等值时取得. 但是,这一点并不是实质性的,是可以去掉的. 只要能使前面所述的四步都能顺利完成,就可使用上述方法. 这时虽然已不符合磨光法的原意,但我们仍然称之为磨光法.

例3 已知非负数 $x_1, x_2, \cdots, x_n$ 满足不等式 $x_1 + x_2 + \cdots + x_n \leqslant \dfrac{1}{2}$.

求 $(1-x_1)(1-x_2)\cdots(1-x_n)$ 的最小值.

解 当 $x_1, x_2, \cdots, x_{n-2}, x_{n-1}+x_n$ 都为定值时,由关系式

$$(1-x_{n-1})(1-x_n) = 1 - (x_{n-1}+x_n) + x_{n-1}x_n$$

可见,$|x_{n-1} - x_n|$ 越大,上式的值越小,令

$$x_i' = x_i \quad (i=1,2,\cdots,n-2)$$

第 9 章　冻结变量法

$$x_{n-1}' = x_{n-1} + x_n, x_n' = 0$$

于是

$$x_{n-1}' + x_n' = x_{n-1} + x_n, x_{n-1}'x_n' = 0 \leqslant x_{n-1}x_n$$

所以有

$$(1-x_1)(1-x_2)\cdots(1-x_n)$$
$$\geqslant (1-x_1')(1-x_2')\cdots(1-x_{n-1}')$$

其中 $x_1' + x_2' + \cdots + x_{n-1}' = x_1 + x_2 + \cdots + x_n \leqslant \dfrac{1}{2}$. 至多再进行 $n-2$ 次上述变换,即得

$$(1-x_1)(1-x_2)\cdots(1-x_n)$$
$$\geqslant 1-(x_1+x_2+\cdots+x_n) \geqslant \dfrac{1}{2}$$

其中等号当 $x_1 = \dfrac{1}{2}, x_2 = x_3 = \cdots = x_n = 0$ 时取得,所以,所求的最小值为 $\dfrac{1}{2}$.

例 4(1985 年 IMO 候选题)　已知 $\theta_1, \theta_2, \cdots, \theta_n$ 都非负,且 $\theta_1 + \theta_2 + \cdots + \theta_n = \pi$. 求 $\sin^2\theta_1 + \sin^2\theta_2 + \cdots + \sin^2\theta_n$ 的最大值.

解　先考察 $\theta_1 + \theta_2$ 为常数的情形. 这时

$$\sin^2\theta_1 + \sin^2\theta_2$$
$$= (\sin\theta_1 + \sin\theta_2)^2 - 2\sin\theta_1\sin\theta_2$$
$$= 4\sin^2\dfrac{\theta_1+\theta_2}{2}\cos^2\dfrac{\theta_1-\theta_2}{2} - \cos(\theta_1-\theta_2) + \cos(\theta_1+\theta_2)$$
$$= 2\cos^2\dfrac{\theta_1-\theta_2}{2}(2\sin^2\dfrac{\theta_1+\theta_2}{2} - 1) + 1 + \cos(\theta_1+\theta_2) \quad (7)$$

注意,上式右端后两项及第一项括号中的因子都是常数且有

极值与最值(下卷)

$$2\sin^2\frac{\theta_1+\theta_2}{2}-1 \begin{cases} <0, 当 \theta_1+\theta_2<\frac{\pi}{2} 时 \\ =0, 当 \theta_1+\theta_2=\frac{\pi}{2} 时 \\ >0, 当 \theta_1+\theta_2>\frac{\pi}{2} 时 \end{cases} \quad (8)$$

因此,当 $\theta_1+\theta_2<\frac{\pi}{2}$ 时,θ_1 与 θ_2 中有一个为零时式(7)取最大值;当 $\theta_1+\theta_2>\frac{\pi}{2}$ 时,$|\theta_1-\theta_2|$ 越小,式(7)的值越大.

当 $n\geqslant 4$ 时,总有两角之和不超过 $\frac{\pi}{2}$,故可将该两角变为一个为零,一个为原来两角之和的情形而使正弦平方和不减. 这样一来,即可将所求的 n 个正弦平方和的问题化为三个角的正弦平方和的问题了.

设 $n=3$,若 $\theta_1,\theta_2,\theta_3$ 中有两个角等于 $\frac{\pi}{2}$,一个角为零,则可将三者改为 $\frac{\pi}{2},\frac{\pi}{4},\frac{\pi}{4}$. 设 $\theta_1\leqslant\theta_2\leqslant\theta_3$,$\theta_1<\theta_3$,则 $\theta_1+\theta_3>\frac{\pi}{2}$,$\theta_1<\frac{\pi}{3}<\theta_3$. 令 $\theta_1'=\frac{\pi}{3}$,$\theta_2'=\theta_2$,$\theta_3'=\theta_1+\theta_2-\frac{\pi}{3}$,于是

$$\theta_1'+\theta_3'=\theta_1+\theta_3, \quad |\theta_1'-\theta_3'|<|\theta_1-\theta_2|$$

因而由式(7)和(8)知

$$\sin^2\theta_1+\sin^2\theta_2+\sin^2\theta_3 < \sin^2\theta_1'+\sin^2\theta_2'+\sin^2\theta_3' \quad (9)$$

因为 $\theta_2'+\theta_3'=\frac{2\pi}{3}$,故由式(7)和(8)又有

第9章 冻结变量法

$$\sin^2\theta_2' + \sin^2\theta_3' \leq 2\sin^2\frac{\pi}{3} = \frac{3}{2} \quad (10)$$

由式(9)和(10)即得

$$\sin^2\theta_1 + \sin^2\theta_2 + \sin^2\theta_3 \leq \frac{9}{4}$$

其中等号成立当且仅当 $\theta_1 = \theta_2 = \theta_3 = \frac{\pi}{3}$. 可见,当 $n \geq 3$ 时,所求的最大值为 $\frac{9}{4}$. 当 $n = 2$ 时,由于 $\theta_1 + \theta_2 = \pi$,故有

$$\sin^2\theta_1 + \sin^2\theta_2 = 2\sin^2\theta_1 \leq 2$$

其中等号成立当且仅当 $\theta_1 = \theta_2 = \frac{\pi}{2}$,即这时所求的最大值为 2.

这两个例题说明,磨光法对于不在自变量取等值时达到最值的情形同样适用. 而且对于离散极值问题和不能写出函数解析表达式的极值问题也同样适用.

由于预先了解最大(小)值点的信息对于磨光法至为重要,有时甚至是能否使用磨光法的关键. 因此,磨光法非常适宜于用来证明右端为常数且能使等号成立的不等式.

例5(1984年IMO试题) 设 x, y, z 都是非负实数且 $x + y + z = 1$,求证:$yz + zx + xy - 2xyz \leq \frac{7}{27}$.

证明 容易看出,当 $x = y = z = \frac{1}{3}$ 时,所证的不等式中等号成立. 由对称性知,可设 $x \geq y \geq z$,于是 $x \geq \frac{1}{3} \geq z$. 令

$$x' = \frac{1}{3}, y' = y, z' = x + z - \frac{1}{3}$$

于是有 $x' + z' = x + z, x' \cdot z' \geqslant x \cdot z$. 因此

$$\begin{aligned} yz + zx + xy - 2xyz &= y(x+z) + (1-2y)xz \\ &\leqslant y'(x'+z') + (1-2y')x'z' \\ &= \frac{1}{3}(y'+z') + \frac{1}{3}y'z' \\ &\leqslant \frac{2}{9} + \frac{1}{27} = \frac{7}{27} \end{aligned}$$

在使用磨光法解题时,必须注意的是要确保函数值在磨光变换之下向所需要的方向变化,即当问题求的是最大值时,磨光变换必须确保函数值不减. 这一点对于有的题目不成问题,任选两个变量进行磨光变换都合乎要求. 但在大多数情况下,则必须适当选取变量才能满足这一要求,甚至有的题目还要做进一步的处理.

例6 周长为定值 l 的一切 n 边形中,正 n 边形具有最大的面积.

证明 (1)我们指出,凹多边形不可能具有最大面积. 设 $A_1 A_2 \cdots A_n$ 为一凹多边形(图9.5),则当将 $\triangle A_{i-1} A_i A_{i+1}$ 以线段 $A_{i+1} A_{i-1}$ 的中点为心,中心对称为 $\triangle A_{i-1} A'_i A_{i+1}$ 时,得到的凸多边形 $A_1 \cdots A_{i-1} A'_i A_{i+1} \cdots A_n$ 的周长也是 l,但面积却变大了. 因此在以下证明中,我们只考虑凸多边形的情形.

(2)设凸多边形 $A_1 A_2 \cdots A_n$ 为不等边的 n 边形并设其中存在两条邻边,其一边的边长小于 $\frac{l}{n}$,而另一边的边长大于 $\frac{l}{n}$,不妨设这两边是 $A_1 A_2$ 和 $A_2 A_3$. 联结

A_1A_3,并以 A_1A_3,$\dfrac{l}{n}$,$A_1A_2+A_2A_3-\dfrac{l}{n}$ 为三边长作 $\triangle A_1A_2'A_3$(图9.6). 则 $A_1A_2 < A_1A_2'$,$A_2'A_3 < A_2A_3$ 且 $A_1A_2'+A_2'A_3 = A_1A_2+A_2A_3$. 于是由三角形面积的海伦公式即知 $S_{\triangle A_1A_2'A_3} > S_{\triangle A_1A_2A_3}$. 从而多边形 $A_1A_2'A_3\cdots A_n$ 的面积大于多边形 $A_1A_2A_3\cdots A_n$ 的面积且多边形 $A_1A_2'A_3\cdots A_n$ 中有一边 A_1A_2' 的长度为 $\dfrac{l}{n}$. 若多边形 $A_1A_2'A_3\cdots A_n$ 仍为不等边 n 边形,则又可重复上述磨光变换而使边长为 $\dfrac{l}{n}$ 的边数每次至少增加一条. 至多经 $n-1$ 次变换,即可变为等边的 n 边形,从而证明了不等边 n 边形的面积必小于某等边的 n 边形的面积.

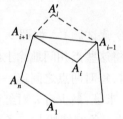
图9.5

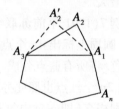
图9.6

(3)设凸 n 边形 $A_1A_2\cdots A_n$ 不等边,于是 n 条边中存在两边 $A_iA_{i+1} < \dfrac{l}{n} < A_jA_{j+1}$,但两边不相邻. 联结 A_iA_j 并作 A_iA_j 的垂直平分线 MN. 以 MN 为对称轴将多边形 $A_iA_{i+1}\cdots A_j$ 对称为多边形 $A_iA_{i+1}'\cdots A_j$(图9.7),于是所得到的新 n 边形与原 n 边形的周长、面积都相等,但新多边形中却有两条邻边,一条边长大于 $\dfrac{l}{n}$,另一条边长小于 $\dfrac{l}{n}$,这就化成了(2)中讨论的情形. 故知任一周

长为 l 的不等边 n 边形的面积都小于某一个周长为 l 的等边 n 边形的面积.

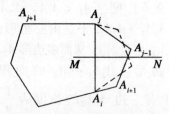

图 9.7

(4) 由克拉美定理,即 n 条边长都为定值的 n 边形中,内接于圆的多边形面积最大可知,在周长为 l 的所有等边 n 边形中,正 n 边形面积最大.

综上可见,周长为 l 的一切 n 边形中,正 n 边形的面积最大.

例 7(1991 年前苏联冬令营试题) 如图 9.8 所示,在圆周上标出 $4n$ 个点并将这些点相间地涂上红色与蓝色. 将所有蓝点分成 n 对,每对两点之间连一条蓝线;对 $2n$ 个红点也照此办理. 求证:最少有 n 对红蓝线段分别相交(即 n 对中每对的一条红线段与一条蓝线段相交).

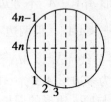

图 9.8

证明 设蓝点标号依次为 $1, 3, \cdots, 4n-1$,红点标号为 $2, 4, \cdots, 4n$. 将 $2j-1$ 与 $4n-(2j-1)$ 之间连一条蓝线,将 $2j$ 与 $4n-2j$ 之间连一条红线(如图 9.8 所示,

第9章 冻结变量法

其中实线表示蓝线,虚线表示红线).显然,其中恰有 n 对红蓝线段相交.

下面我们证明,无论怎样连线,相交的红蓝线段对数都不小于 n. 注意到上述例子的特点是其中的蓝线互不相交,因此我们采取减少蓝线交点的变换方法.

如果两条蓝线相交,则在图 9.9 中用虚线画出的两条蓝线代替它们. 易见,凡是与一条或两条虚线段相交的红弦或蓝线,恰与原来两条蓝线中的同样条数相交,这意味着变动后的蓝线段的相交对数及红蓝线段的相交对数都不会增加. 而经有限多次变动后,必能变为 n 条蓝线两两不交的情形.

图 9.9

当 n 条蓝线两两不交时,任何一条蓝线把圆分成的两条弧中,每条中的蓝点数都是偶数,从而红点数必为奇数. 所以,必有一条红线与此蓝线相交,这就说明相交的红蓝线段对数至少为 n.

综上可知,最少有 n 对红蓝线段对分别相交.

例8(1991 年中国集训队测验题) 设 x_1, x_2, x_3, x_4 都是正实数,且 $x_1 + x_2 + x_3 + x_4 = \pi$. 求表达式

$$(2\sin^2 x_1 + \frac{1}{\sin^2 x_1})(2\sin^2 x_2 + \frac{1}{\sin^2 x_2}) \cdot$$

$$(2\sin^2 x_3 + \frac{1}{\sin^2 x_3})(2\sin^2 x_4 + \frac{1}{\sin^2 x_4})$$

的最小值.

极值与最值(下卷)

解 设 $x_1 + x_2$ 为常数. 因为

$$\sin x_1 \sin x_2 = \frac{1}{2}[\cos(x_1 - x_2) - \cos(x_1 + x_2)]$$

故知 $\sin x_1 \sin x_2$ 的值随 $|x_1 - x_2|$ 的变小而增大. 记所论的表达式为 $f(x_1, x_2, x_3, x_4)$. 若 x_1, x_2, x_3, x_4 不全相等, 不妨设 $x_1 > \frac{\pi}{4} > x_2$.

令 $x_1' = \frac{\pi}{4}, x_2' = x_1 + x_2 - \frac{\pi}{4}, x_3' = x_3, x_4' = x_4$

于是, 有

$$x_1' + x_2' = x_1 + x_2$$
$$|x_1' - x_2'| < x_1 - x_2$$

我们写

$$(2\sin^2 x_1 + \frac{1}{\sin^2 x_1})(2\sin^2 x_2 + \frac{1}{\sin^2 x_2})$$

$$= 2(2\sin^2 x_1 \sin^2 x_2 + \frac{1}{2\sin^2 x_1 \sin^2 x_2}) + 2(\frac{\sin^2 x_1}{\sin^2 x_2} + \frac{\sin^2 x_2}{\sin^2 x_1})$$

因为 $x_2 < \frac{\pi}{4}$, 故 $\sin x_2 < \frac{\sqrt{2}}{2}, 2\sin^2 x_1 \sin^2 x_2 < 1$. 又因在区间 $[0,1]$ 上, 函数 $g(t) = t + \frac{1}{t}$ 严格递减, 故有

$$(2\sin^2 x_1 + \frac{1}{\sin^2 x_1})(2\sin^2 x_2 + \frac{1}{\sin^2 x_2})$$

$$> 2(2\sin^2 x_1' \sin^2 x_2' + \frac{1}{2\sin^2 x_1' \sin^2 x_2'}) +$$

$$2(\frac{\sin^2 x_1'}{\sin^2 x_2'} + \frac{\sin^2 x_2'}{\sin^2 x_1'})$$

$$= (2\sin^2 x_1' + \frac{1}{\sin^2 x_1'}) \cdot (2\sin^2 x_2' + \frac{1}{\sin^2 x_2'})$$

从而有
$$f(x_1,x_2,x_3,x_4) > f(x_1',x_2',x_3',x_4')$$

如果 x_2',x_3',x_4' 不全相等,则又可仿上作磨光变换而证得:当 x_1,x_2,x_3,x_4 不全相等时,总有
$$f(x_1,x_2,x_3,x_4) > f(\frac{\pi}{4},\frac{\pi}{4},\frac{\pi}{4},\frac{\pi}{4})$$

可见,所求的最小值为 $f(\frac{\pi}{4},\frac{\pi}{4},\frac{\pi}{4},\frac{\pi}{4}) = 81$,当且仅当 $x_1 = x_2 = x_3 = x_4 = \frac{\pi}{4}$ 时取得.

从上面论述和例题中可以看出,磨光法确实是求极值和证明不等式的一种好方法. 在某些场合,使用磨光法可以给出相当漂亮的证明. 但是,不要忘记,任何方法都有它的局限性.

例9 已知非负实数 p,q,r 满足条件 $p^2 + q^2 + r^2 = 2$. 求证:$p + q + r - pqr \leqslant 2$.

这原是1988年捷克斯洛伐克的一道竞赛题,为了使问题集中,这里做了一点改动.

显然,当 $p = 0, q = r = 1$ 时,所求证的不等式中等号成立,而且已知条件和结论都是对称的,因而容易使人想到使用磨光法来证明. 设 $0 < p \leqslant q \leqslant r$. 令
$$p' = 0, q' = \sqrt{p^2 + q^2}, r' = r$$
于是有
$$p' + q' + r' - p'q'r' = \sqrt{p^2 + q^2} + r$$
问题归结为比较 $\sqrt{p^2 + q^2}$ 与 $p + q - pqr$ 的大小. 两边平方后又化为判定表达式 $pqr^2 + 2 - 2pr - 2qr$ 的符号,但这仍然不易解决. 若先把 r 变为1,也会遇到不易解决的困难.

极值与最值(下卷)

对于这个题目,既然使用磨光法陷入了困境,就应及时回头,寻求其他的解决办法. 其实,使用代数法,很易证明此题.

证明 使用配方法和因式分解,我们有

$$p + q + r - pqr$$
$$= p + q - \frac{1}{2}(p+q)^2 r + \frac{1}{2}(p^2+q^2)r + r$$
$$= -\frac{r}{2}(p+q-\frac{1}{r})^2 + \frac{1}{2r} + 2r - \frac{r^3}{2}$$
$$\leq \frac{1}{2r} + 2r - \frac{r^3}{2}$$
$$= \frac{1}{2r}(-r^4 + 4r^2 + 1 - 4r) + 2$$
$$= -\frac{1}{2r}(r-1)^2(r^2+2r-1) + 2$$

因为 $p^2 + q^2 + r^2 = 2$ 且 $p \leq q \leq r$,故 $\frac{\sqrt{6}}{3} \leq r \leq \sqrt{2}$,在此区间上有 $r^2 + 2r - 1 > 0$. 从而得到

$$p + q + r - pqr \leq 2$$

其中等号当且仅当 $\{p,q,r\} = \{0,1,1\}$ 时成立.

由此可见,看出了取得最大值的最大点,只是具备了使用磨光法的前提条件. 究竟能否使用,使用效果如何,还要具体问题具体分析,个别题目个别对待. 总之,磨光法与其他方法一样,都要具体情况灵活运用,才能使自己立于不败之地.

最后,我们给出一个离散极值问题的例子.

例 10. 设有 2^n 个由数字 0 和 1 组成的有限数列,其中没有任何一个数列是另一数列的前段. 数列的项数称为长度. 求这组数列的长度之和的最小值.

22

第9章 冻结变量法

解 满足题中要求的数列组称为"正规组",组中的数列,按其长度大于、等于或小于 n,分别称为"长"、"标准"或"短"的. 如果组中所有数列都是标准的,则称为标准组,否则就称为非标准组.

长度为 n,每项都是 0 或 1 的所有不同的数列恰有 2^n 个,显然,它们组成一个标准正规组,其长度之和为 $n \cdot 2^n$. 所以,所求的最小值不超过 $n \cdot 2^n$. 下面我们来证明最小值就是 $n \cdot 2^n$,即我们证明,任一正规组中所有数列的长度之和都不小于 $n \cdot 2^n$.

对于任一正规组,如果其中没有短数列,结论显然成立. 如果其中有短数列,那么它也必有长数列. 否则,任一短数列至少有两种可能在其尾部补上一些 0 或 1 而成为标准的而仍保持组的正规性,从而将得到一个由多于 2^n 个数列组成的标准正规组,这是不可能的. 可见,只需对既含短数列又含长数列的非标准正规组来论证.

对于任一数列 a,记其长度为 $\|a\|$. 设正规组中有短数列 s 和长数列 l,$\|s\| < n$,$\|l\| > n$,则 $\|l\| - \|s\| \geq 2$. 在正规组中去掉 s 和 l,添上数列 $s0$ 和 $s1$,则新组仍为正规组且组中各数列长度之和不增. 如果 $s0,s1$ 是标准的,则我们通过上述变换使标准数列的数目增加了两个. 如果 $s0$ 仍为短数列,于是组中仍有长数列,我们可再进行如上的变换并直到得出标准数列为止. 这样,上述一系列变换终于使标准数列增加了两个,且组中数列长度之和不增. 如果此时组中还有短数列,又可重复上述变换过程,直到组中不含短的数列为止. 由于变化过程始终保证数列长度之和不增,这就证明了任一正规组中数列长度之和都不小于 $n \cdot 2^n$,即

所求的最小值为 $n \cdot 2^n$.

9.3 调整法

在磨光法开头的阐述中,我们曾经指出,由于不能事先确知所求的最值一定存在,往往给问题的解决带来麻烦,使我们不得不采取迂回的办法. 但是,这一点也从另一个角度说明,一旦事先知道所求的最值一定存在,将给问题的解决带来很大的方便. 这就是我们下面将要介绍的调整法.

最值的存在性问题,对于不同题目来说,难易差别很大. 在磨光法开头我们已经看到,对于简单的问题,要想事先指出最大值的存在性也不易办到. 然而,对于另外一些最值问题,比如某些离散问题,它所有可能的情形只有有限多种,最大值与最小值当然存在,这根本就不成问题. 这样一来,我们就可以以最值存在性为依据,使用调整法来反证而解决问题. 这时,由于最值一定存在,我们既不必像累次求极值法那样每步都取极值,也不必像磨光法那样保证迅速接近最值点,而只要对各种情形进行局部的、适当的调整,说明它们都不能取得最值就行了.

例 1(1976 年 IMO 试题) 已知若干个正整数之和为 1 976,求其积的最大值.

解 和为 1 976 的不同的正整数组只有有限多个,所以这个最大值是存在的.

设 $x_1, x_2, \cdots, x_n$ 都是正整数,$x_1 + x_2 + \cdots + x_n = 1\ 976$ 且使其积 $P = x_1 x_2 \cdots x_n$ 取得最大值.

(1) 对所有 i,均有 $x_i \leqslant 4$. 若不然,设 $x_j > 4$,则 $x_j = 2 + (x_j - 2)$,而 $2(x_j - 2) = 2x_j - 4 > x_j$,故当用 2 和 $x_j - 2$ 代替 x_j 时将使乘积变大,此不可能.

(2) 对所有 i,都有 $x_i \geqslant 2$. 若有某 $x_j = 1$,则 $x_i x_j = x_i < x_i + x_j$,故当用 $x_i + x_j$ 代替 x_i, x_j 时,将使乘积 P 变大,矛盾.

(3) 因为 $4 = 2 + 2 = 2 \times 2$,故 $x_i = 4$ 不必要,它可以用两个 2 来代替而保持和与积都不变.

(4) 由以上论证知 $P = 2^r \times 3^s$,其中 r 和 s 都是非负数. 因为 $2 + 2 + 2 = 3 + 3, 2^3 < 3^2$,故必有 $r < 3$. 又因 $1\ 976 = 658 \times 3 + 2$,故得 $r = 1, s = 658$. 所以,所求的 P 的最大值为 2×3^{658}.

用调整法解题可分为三种策略:

(1) 关于某种不变性的问题:尽管初始状态本身是不断变化的,但如果我们从初始状态出发,直接经过调整而达到最终状态,并能在调整过程中保持上述不变性,那么问题就解决了.

例 2 设 $0 < a_1 \leqslant a_2 \leqslant \cdots \leqslant a_n, 0 < b_1 \leqslant b_2 \leqslant b_n, i_1, i_2, \cdots, i_n$ 与 $j_1, j_2, \cdots, j_n$ 是 $1, 2, \cdots, n$ 的任意两个排列. 求证

$$(a_{i_1} + b_{j_1})(a_{i_2} + b_{j_2}) \cdots (a_{i_n} + b_{j_n})$$
$$\geqslant (a_1 + b_1)(a_2 + b_2) \cdots (a_n + b_n) \quad (1)$$

分析 利用常用的不等式的方法来证明很困难,但若把 $(a_{i_1} + b_{j_1})(a_{i_2} + b_{j_2}) \cdots (a_{i_n} + b_{j_n})$ 作为初始状态,而把 $(a_1 + b_1)(a_2 + b_2) \cdots (a_n + b_n)$ 作为最终状态,那么,若我们能做某种调整,把初始状态调整到最终状态,而在调整中保证"乘积不会增大"这一不变性,问题也就获得了解决.

极值与最值(下卷)

对照式(1)的两边可知,调整可分两步进行:首先调整 $a_{i_1}, a_{i_2}, \cdots, a_{i_n}$ 的顺序为 $a_1, a_2, \cdots, a_n$. 根据乘法交换律知,经过有限次的交换,总可使得

$$(a_{i_1}+b_{j_1})(a_{i_2}+b_{j_2})\cdots(a_{i_n}+b_{j_n})$$
$$=(a_1+b_{k_1})(a_2+b_{k_2})\cdots(a_n+b_{k_n})$$

这里 $k_1, k_2, \cdots, k_n$ 为 $1, 2, \cdots, n$ 的任一排列. 可见调整后乘积不会增大. 故只需证

$$(a_1+b_{k_1})(a_2+b_{k_2})\cdots(a_n+b_{k_n})$$
$$\geq (a_1+b_1)(a_2+b_2)\cdots(a_n+b_n) \qquad (2)$$

也即能保证从 $(a_1+b_{k_1})(a_2+b_{k_2})\cdots(a_n+b_{k_n})$ 状态调整到最终状态过程中,乘积不会增大即可. 于是,对 b_{k_t} 进行调整:

考虑 k_n:若 $k_n \neq n$,则一定存在 $k_i = n (i \neq n)$,则这样调整:调换 b_{k_t} 与 b_{k_n} 的位置(其余的不动),则所得的新积不会增大,即

$$(a_i+b_{k_i})(a_n+b_{k_n}) = (a_i+b_n)(a_n+b_{k_n})$$
$$\geq (a_i+b_{k_n})(a_n+b_n)$$

事实上

$$(a_i+b_n)(a_n+b_{k_n}) - (a_i+b_{k_n})(a_n+b_n)$$
$$= (a_n-a_i)(b_n-b_{k_n}) \geq 0$$

故

$$(a_1+b_{k_1})(a_2+b_{k_2})\cdots(a_n+b_{k_n})$$
$$\geq (a_1+b_{k_1}) \cdot (a_2+b_{k_2})\cdots(a_i+b_{k_i})\cdots(a_n+b_n)$$
$$\qquad\qquad\qquad\qquad\qquad\qquad (3)$$

若 $k_n = n$,则考虑 k_{n-1},仿上调整 $a_{n-1}+b_{k_{n-1}}$ 为 $a_{n-1}+b_{n-1}$,所得新积不会增大. 如此至多经 $n-1$ 次调整即得

第9章 冻结变量法

$$(a_1 + b_{k_1})(a_2 + b_{k_2}) \cdots (a_n + b_{k_n})$$
$$\geqslant (a_1 + b_1)(a_2 + b_2) \cdots (a_n + b_n)$$

于是结论成立.

(2)关于最终状态的存在性问题,策略是:若能从某一必定存在的状态出发,经过逐步调整而达到最终状态,问题就解决了.

例3 平面上有 100 条直线,它们之间能否有 1 985 个不同的交点?

分析 本题实际上是关于"100 条直线恰有 1 985 个不同交点"这种状态的存在性问题. 若能从某一必定存在的状态出发,经过适当的调整而使交点数发生改变,看交点数是否正好达到 1 985 个. 考虑如下状态:如果 100 条直线既无两两平行,也没三线共点,则交点数有 $C_{100}^2 = 4\,950$ 个. 显然这不是题目所要求的状态. 但 $4\,950 > 1\,985$,因此,可以考虑是否可以从这种状态出发,经适当调整一些直线的位置,使交点数下降,从而达到要求. 关键是如何调整. 调整的目的是使交点数下降. 减少交点的个数有两种方法:其一是调整直线的位置,使一些直线共点而成为直线束;其二是使一些直线平行. 这里我们只讨论用第一种调整方法.

将上述状态下的直线中的一些直线平移,得到 k 个直线束,设每束直线的条数分别为 $n_1, n_2, \cdots, n_k$,$(n_i \geqslant 3, i = 1, 2, \cdots, k)$. 由于我们不一定调整了所有直线的位置,故

$$n_1 + n_2 + \cdots + n_k \leqslant 100$$

这样调整后,则每一束的交点数下降了 $C_{n_i}^2 - 1$ 个($i = 1, 2, \cdots, k$),则交点下降总数为

$$C_{n_1}^2 - 1 + C_{n_2}^2 - 1 + \cdots + C_{n_k}^2 - 1$$

要使调整后交点数为 1 985,则交点下降总数为
$$C_{n_1}^2 - 1 + C_{n_2}^2 - 1 + \cdots + C_{n_k}^2 - 1$$
$$= C_{100}^2 - 1\ 985 = 2\ 965$$

现估计一下 n_1:因为 $C_{77}^2 - 1 = 2\ 925$ 最接近 $2\ 965$,故 $n_1 = 77$. 所以先通过平移,把 77 条直线变为一个直线束,则交点数下降了 2 925 个. 这样只要再调整,使交点数下降 40 个即可. 估计 n_2:又 $C_9^2 = 1 + 35$ 最接近 40,故 $n_2 = 9$,即再通过平移把剩下的直线中的 9 条变成一个直线束,于是交点数又下降了 35 个. 再调整而使交点数下降 5 个即可. 再估计 n_3:又 $C_4^2 - 1 = 5$,所以 $n_3 = 4$,即最后通过平移,把剩下的 14 条直线中的 4 条变成一个束,交点又下降了 5 个. 最后剩下的 10 条直线位置不变. 则经过上述调整后,交点总数下降了 2 965 个,也即调整后的 100 条直线恰有 1 985 个不同的交点,问题也就解决了.

上两例是用调整法直接解决问题. 在解决问题的过程中,必须始终盯住目标,根据目标的要求进行适当的调整.

(3)只知道最终状态满足某种性质,求最终状态. 策略是:把调整法与反证法结合起来,进一步探求关于最终状态的一些有趣的制约条件,而这些制约条件的获得,往往是解决问题中至为关键的一步.

例4(第4届冬令营试题) 空间中有 1 989 个点,其中任何三点不共线. 把它们分成点数各不相同的 30 组. 在任何三个不同的组中各取一点为顶点作三角形. 问:要使这种三角形的总数最大,各组的点数应为多少?

分析 1 989 个点分为点数各不相同的 30 组的分

第9章 冻结变量法

法是存在的且是有限多的,故三角形总数最大的分组方法总是存在的.但想通过逐一试算去求答案显然不可取.用策略(3)可以解决.

设将 1 989 个点分为点数分别为自然数 n_1, n_2, $\cdots$, n_{30} 这 30 个组,由题意,则不妨设制约条件:

(1) $n_1 < n_2 < \cdots < n_{30}$;

(2) $n_1 + n_2 + \cdots + n_{30} = 1\ 989$.

则任何三个不同的组中各取一点作得的三角形总数为

$$S = \sum_{1 \leqslant i < j < k \leqslant 30} n_i n_j n_k$$

运用调整法可得:在制约条件(1)和(2)下,S 要取最大值,则 n_i 必须满足以下制约条件:

(3) $1 \leqslant n_{i+1} - n_i \leqslant 2\ (i = 1, 2, \cdots, 29)$;

(4) $n_{i+1} - n_i\ (i = 1, 2, \cdots, 29)$ 至多只能有一个为 2,其余的都等于 1.

下面用调整法证明制约条件(3)和(4):

考察点数为 n' 和 n'' 的两组.不妨设 $n' < n''$. 因为

$$S = \sum_{1 \leqslant i < j < k \leqslant 33} n_i n_j n_k$$
$$= n'n'' \sum_{\substack{1 \leqslant i < j < k \leqslant 30 \\ n_i \neq n', n''}} n_i + (n' + n'') \cdot$$

$$\sum_{\substack{1 \leqslant j < k \leqslant 30 \\ n_j, n_k \neq n', n''}} n_j n_k + \sum_{\substack{1 \leqslant i < j < k \leqslant 30 \\ n_i, n_j, n_k \neq n', n''}} n_i n_j n_k$$

若 $n'' - n' > 2$,则保持 $n' + n''$ 不变,而把两数分别调整为 $n' + 1, n'' - 1$,显然 $n' + 1 < n'' - 1$,即各组点的顺序关系不变,但

$$(n' + 1)(n'' - 1) = n'n'' + (n'' - n' - 1) > n'n''$$

所以

极值与最值(下卷)

$$\overline{S} = (n'+1)(n''-1)\sum_{\substack{1\leqslant i\leqslant 30 \\ n_i\neq n',n''}} n_i + (n'+n'')\cdot$$

$$\sum_{\substack{1\leqslant j<k\leqslant 30 \\ n_j,n_k\neq n',n''}} n_j n_k + \sum_{\substack{1\leqslant i<j<k\leqslant 30 \\ n_i,n_j,n_k\neq n',n''}} n_i n_j n_k > S$$

利用上述结论,即可证明制约条件(3)和(4):

假设(3)不成立,也即存在两组数 n_j 与 n_{j+1}, $n_{j+1} - n_j > 2$,则取 $n' = n_j, n'' = n_{j+1}$,然后按上述方法进行调整,从而调整后各组数的顺序关系不变,但调整后的三角形总数增加,与 S 最大矛盾,故(3)成立.

假设(4)不成立,即存在 $j, k(1 \leqslant j < k \leqslant 30)$, $n_{j+1} - n_j > 2$,且 $n_{k+1} - n_k > 2$,则取 $n' = n_j, n'' = n_{k+1}$,然后进行上述调整,调整后的各组点数顺序关系 $n_j + 1 < n_{j+1}, n_k < n_{k+1} - 1$,即顺序关系不变,但 S 增大了,与 S 最大矛盾,故(4)成立.

制约条件(3)与(4)的获得是关键. 有了(3)和(4)则知只有唯一一处相差为2,设其出现在 n_{30-r} 与 n_{30-r+1} 之间,则 $n_1, \cdots, n_{30-r}, n_{30-r+1} - 1, n_{30-r+2} - 1, \cdots, n_{30} - 1$ 组成一个首项为 $a = n_1$,公差 $d = 1$ 的等差数列,其各项和为 $30a + \dfrac{29 \times 30}{2} = 1\,989 - r$. 即

$$30a + r = 1\,554$$

则 $\qquad n_1 = a = 51, r = 6$

故分组后各组的点数分别为 $51, 52, 53, 54, 55, 56, 58, 59, 60, \cdots, 80, 81$.

局部调整法是解数学竞赛题的有力工具,下面举例予以说明.

例5(1982年全国高中联赛试题) 已知边长为4的正 $\triangle ABC, D, E, F$ 分别是 BC, CA, AB 上的点,且

$|AE|=|BF|=|CD|=1$,连 AD,BE,CF 交成 $\triangle RQS$,点 P 在 $\triangle RQS$ 内及其边界上运动,P 到 $\triangle ABC$ 三边的距离为 x,y,z.

(1) 求证:当点 P 在 $\triangle RQS$ 的顶点时,xyz 有极小值;

(2) 求上述 xyz 的极小值.

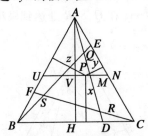

图 9.10

证明 设 P 为正 $\triangle ABC$ 内或边上任意一点,因 P 到各边距离之和 $x+y+z$ 为定值,可考虑过 P 作直线平行于 BC,交 AB,BE,AD,AC 于 U,V,M,N,如图 9.10 所示.当点 P 在 UN 上移动时,乘积 xyz 中 x 固定不变,而 $yz = PU \cdot PN \cdot \sin^2 \dfrac{\pi}{3}$,故 yz 与 $PU \cdot PN$ 有同样的变化.由于 $4PU \cdot PV = (PU+PN)^2 - (PU-PN)^2$,$PU+PN$ 为定值,故 $|PU-PN|$ 逐渐增大时,则 $PU \cdot PN$ 逐渐减小,当 P 与 G(BC 边上高 AH 与 UN 的交点)重合时,$UP \cdot PN$ 有极大值.而 P 离开点 G 向两侧移动时,$UP \cdot PN$ 逐渐减小.这样,为使 xyz 有极小值,首先应将点 P 调到 V,M 处,即 $\triangle RQS$ 的边界上.

问题在于 BE 并不平行于 AB,AD,也不平行于 AC.直接在 $\triangle RQS$ 的边界上继续上述调整,从 V,M 调整到 Q,S,R 处是荒谬的,因为重复上述调整的条件并

不具备,但我们可通过如下的变换:

过 R,Q,S 作 $RR' \parallel SQ' \parallel BC$, $QR' \parallel SS' \parallel AC$, $QQ' \parallel RS' \parallel AB$,围成六边形 $QQ'SS'RR'$,如图 9.11 所示. 这样,我们可重复上述调整,将点 P 调整至 P' 和 P'',再继续至 $Q(Q')$ 或 $S(S')$ 处,由于对称,xyz 在 Q, Q',S,S' 处的值相同. 同样,xyz 在 R,R' 处的值与在 Q 处的值相同,故 xyz 在 Q,S,R 处达到极小值.

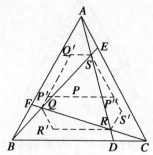

图 9.11

例 6(1985 年美国第 14 届中学数学奥林匹克试题) 设 A,B,C,D 为空间四点,AB,AC,AD,BC,BD, CD 六条边中只有一条边长大于 1. 求这六条边长之和的最大值.

解 不失一般性,不妨设 AD 的长度大于 1,其余五条边长均不大于 1. 假定除 AD 外其余五条边长固定. 则要使这六条边长之和最大,即应使 AD 的长度为最大,由于其余五条边长固定,即 $\triangle ABC$ 与 $\triangle DBC$ 固定,所以当且仅当 $ABDC$ 是平面凸四边形,且 A,D 是它的相对顶点时,AD 的长取得最大.

再假定 B,C 两点的位置固定,因为 $|AB| \le 1$, $|BD| \le 1$,所以点 A,D 都应在以点 B 为圆心,1 为半径的圆的内部. 又因 $|CA| \le 1$, $|CD| \le 1$,故点 A,D 也应

在以点 C 为圆心,1 为半径的圆的内部. 这样,点 A,D 应在上述两圆的公共区域内. 注意到这个区域是中心对称,则此区域的最长弦重合于两圆的公共弦. 如果取公共弦的两端点为 A,D,则五条边 AD,AB,AC,BD 和 DC 的长均取得最大,如图 9.12 所示. 这时,$AB=AC=DB=DC=1$.

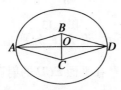

图 9.12

最后,来确定 B,C 的位置,目标是使 $|BC|+|AD|$ 取得最大值,设 $\angle ABO=\theta$,则 $|BC|+|AD|=2(\cos\theta+\sin\theta)=2\sqrt{2}\cdot\sin(\theta+45°)$. 注意到 $|BC|\leqslant 1$,则 $\angle BAC\leqslant 60°,60°\leqslant\theta<90°$,从而 $105°\leqslant\theta+45°<135°$. 显然,函数 $\sin(\theta+45°)$ 在上述区间上是减函数,所以,当 $\theta=60°$ 时,$|BC|+|AD|$ 取得最大值

$$|BC|+|AD|=2(\sin 60°+\cos 60°)$$
$$=\sqrt{3}+1$$

因此,六条边长之和的最大值是

$$4+(\sqrt{3}+1)=5+\sqrt{3}$$

例 7 已知:各棱都是 1 的正四面体 $ABCD$. 试求到四个顶点的距离之和为最小的点 S.

解 显然,正四面体外任一点到正四面体 $ABCD$ 的各顶点的距离之和不能达到最小. 故只需考虑正四面体内任一点 P.

极值与最值(下卷)

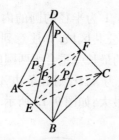

图 9.13

如图 9.13 所示,设 E,F 分别是 AB,CD 的中点,易知 $EF=\frac{\sqrt{2}}{2}$. 设 P 在平面 ECD 的射影为 P_1,则 $P_1C \leqslant PC, P_1D \leqslant PD$.

因 $PP_1 \perp$ 平面 $ECD, AB \perp$ 平面 ECD,故 $PP_1 /\!/ AB$. 又平面 ECD 垂直平分线段 AB,所以 $P_1A = P_1B$.

故 $P_1A + P_1B \leqslant PA + PB$(同底同高的三角形中,以等腰三角形周界最小). 因此

$$P_1A + P_1B + P_1C + P_1D \leqslant PA + PB + PC + PD$$

又设 P_1 在平面 ABF 上的射影为 P_2. 同理

$$P_2A + P_2B + P_2C + P_2D \leqslant P_1A + P_1B + P_1C + P_1D$$

而平面 $ECD \perp$ 平面 ABF,故 P_2 在交线 EF 上,即经过两次调整后,所求的点应落在 EF 上.

设 $P_2F = x$,则 $P_2E = \frac{\sqrt{2}}{2} - x$. 由柯西不等式,可得

$$P_2A + P_2B + P_2C + PD = 2(P_2A + P_2D) \geqslant \sqrt{6}$$

等号当且仅当 $x = \frac{\sqrt{2}}{4}$ 时成立.

因此,当 P_2 是 EF 的中点,即四面体 $ABCD$ 的重心为 P_3 时,到各顶点的距离之和最小,最小值为 $\sqrt{6}$. 由此可见,正四面体内任意一点 P 经过三次调整后,调

整到四面体的重心 S 时,到四个顶点的距离之和最小.

例8 已知 $0 < a_1, a_2, \cdots, a_n < \pi$,且 $a_1 + a_2 + \cdots + a_n = A$,求证

$$\sin a_1 + \sin a_2 + \cdots + \sin a_n \leqslant n\sin \frac{A}{n} \quad (4)$$

显然,所要证明的不等式当 $a_1 = a_2 = \cdots = a_n = \dfrac{A}{n}$ 时等号成立. 我们若将 $a_1, a_2, \cdots, a_n$ 逐个"局部调整"到 $\dfrac{A}{n}$,而每次调整都不使和 $\sin a_1 + \sin a_2 + \cdots + \sin a_n$ 减小,则不等式即可获证. 这个调整过程至多经过 $n-1$ 次.

证明 因为 $a_1 + a_2 + \cdots + a_n = A$,所以不妨设 $a_1 \leqslant \dfrac{A}{n}, a_2 \geqslant \dfrac{A}{n}$. 于是

$$\sin a_1 + \sin a_2 - \left[\sin \frac{A}{n} + \sin\left(a_1 + a_2 - \frac{A}{n}\right)\right]$$

$$= 2\sin \frac{1}{2}(a_1 + a_2)\left[\cos \frac{1}{2}(a_1 - a_2) - \cos \frac{1}{2}\left(\frac{2A}{n} - a_1 - a_2\right)\right]$$

因为 $0 \leqslant \dfrac{1}{2} < \dfrac{\pi}{2}$,且

$$(a_2 - a_1) - \left[\frac{2A}{2} - (a_1 + a_2)\right] = 2\left(a_2 - \frac{A}{n}\right) \geqslant 0$$

$$(a_2 - a_1) - \left[(a_1 + a_2) - \frac{A}{n}\right] = 2\left(\frac{A}{n} - a_1\right) \geqslant 0$$

所以

$$\cos \frac{1}{2}(a_1 - a_2) \leqslant \cos \frac{1}{2}\left[\frac{2A}{n} - (a_1 + a_2)\right]$$

又
$$\sin\frac{1}{2}(a_1+a_2)>0$$
故
$$\sin a_1+\sin a_2 \leq \sin\frac{A}{n}+\sin\left(a_1+a_2-\frac{A}{n}\right)$$

令 $a_2'=a_1+a_2-\frac{A}{n}$,则 $0<a_2'\leq a_2<\pi$,且

$$\sin a_1+\sin a_2+\cdots+\sin a_n$$
$$\leq \sin\frac{A}{n}+\sin a_2'+\cdots+\sin a_n$$

(其中 $a_2'+a_3+\cdots+a_n=(n-1)\frac{A}{n}$).

对 $a_2',\cdots,a_n$ 再做如上的调整,至多调整 $n-1$ 次,可使每个 a_1 都调整成 $\frac{A}{n}$,从而有所要求证的不等式.

有人提出如下的另一种局部调整证明:若 $a_1\neq a_j$,则

$$\sin a_1+\sin a_j=2\sin\frac{1}{2}(a_1+a_j)\cos\frac{1}{2}(a_1-a_j)$$
$$<2\sin\frac{1}{2}(a_1+a_j)$$

(注:$0<\frac{1}{2}(a_1+a_j)<\pi,0<|\frac{1}{2}(a_1-a_j)|<\frac{\pi}{2}$). 故取 $a_1'=a_j'=\frac{1}{2}(a_1+a_j)$,即有 $\sin a_1+\sin a_j<\sin' a_1+\sin' a_j$. 因此当调整到所有 a_j 都相等时,即有式(4).

我们认为,后面的调整证明是错误的. 事实上,当 $n\geq 3$ 时,可能经任何有限次局部调整,都不能使所有的 a 全相等. 例如取 $a_1=\sqrt{2},a_2=\sqrt{3},a_3=6-\sqrt{2}-\sqrt{3}$.

第 9 章 冻结变量法

经 k 次调整得出的两个等角为 $\dfrac{k_1 a_1 + k_2 a_2 + k_3 a_3}{2^k}$,其中 k_1, k_2, k_3 为非负整数,且 $k_1 + k_2 + k_3 = 2^k$,由此可见 k_1, k_2, k_3 不全相等. 若把最小的记为 k_r,另两个记为 k_p, k_q,则

$$k_1 a_1 + k_2 a_2 + k_3 a_3$$
$$= k_r(a_1 + a_2 + a_3) + (k_p - k_r) a_p + (k_q - k_r) a_q$$
$$= 6 k_r + (k_p - k_r) a_p + (k_q - k_r) a_q$$

而 $k_p - k_r, k_q - k_r$ 为不同时为零的非负整数. 但对任意不同时为零的非负整数 s, t,$sa_1 + ta_2$ 或 $sa_1 + ta_3$ 或 $sa_2 + ta_3$ 都不可能为自然数,故

$$\frac{k_1 a_1 + k_2 a_2 + k_3 a_3}{2^k} \neq \frac{a_1 + a_2 + a_3}{3} = 2$$

例 8 后面的调整只证明:若 $\sin a_1 + \sin a_2 + \cdots + \sin a_n$ 的最大值存在,则必须所有的 a_1 全相等才能取到这个最大值.

例 8 的一个重要特殊情况是,对 $\triangle ABC$ 的三内角有

$$\sin A + \sin B + \sin C \leqslant 3 \sin \frac{\pi}{3} = \frac{3\sqrt{3}}{2}$$

应用例 8 的结果,稍做推理,便可断言,内接于给定圆的 n 边形中,正 n 边形具有最大的面积.

例 9 设实数 $x_1, x_2, \cdots, x_n$ 的绝对值都不大于 1,试求 $S = \sum\limits_{1 \leqslant i < j \leqslant n} x_i x_j$ 的最小值. 本例是先用局部调整法将问题简化到所有的 x_1 都等于 1 或 -1 的情况,然后设法求出结果.

解 先对 x_1 作变换

$$x_1' = \begin{cases} -1, & \text{若}(x_1 + x_1 + \cdots + x_n) - x_1 \geq 0 \text{ 时} \\ 1, & \text{若}(x_1 + x_2 + \cdots + x_n) - x_1 < 0 \text{ 时} \end{cases}$$

因为
$$\begin{aligned} x_1(x_2 + \cdots + x_0) &= x_1[(x_1 + x_2 + \cdots + x_n) - x_1] \\ &\geq x_1'[(x_1 + x_2 + \cdots + x_n) - x_1] \\ &= x_1'(x_2 + \cdots + x_n) \end{aligned}$$

所以
$$\begin{aligned} S &= \sum_{1 \leq i < j \leq n} x_i x_j = x_1(x_2 + \cdots + x_n) + \sum_{2 \leq i < j \leq n} x_i x_j \\ &\geq x_1'(x_2 + \cdots + x_n) + \sum_{2 \leq i < j \leq n} x_i x_j \end{aligned}$$

在 $x_1', x_2, \cdots, x_n$ 中,对 x_2 作类似于 x_1 的变换,等等. 经过 n 步变换后可知, $S \geq \sum_{1 \leq i < j \leq n} x_i' x_j'$,其中所有 x_i' 都为 1 或 -1

$$\sum_{1 \leq i < j \leq n} x_i' x_j' = \frac{1}{2}[(x_1' + \cdots + x_n')^2 - (x_1'^2 + \cdots + x_n'^2)]$$
$$= \frac{1}{2}[(x_1' + \cdots + x_n')^2 - n]$$

当 n 为偶数时,$\sum_{1 \leq i < j \leq n} x_i' x_j' \geq -\frac{n}{2}$,且在 $x_1', x_2', \cdots, x_n'$ 中取 $\frac{n}{2}$ 个 1,$\frac{n}{2}$ 个 -1,上面的不等式取等号. 当 n 为奇数时, $\sum_{1 \leq i < j \leq n} x_i' x_j' \geq -\frac{n-1}{2}$,且在 $x_1', \cdots, x_n'$ 中取 $\frac{1}{2}(n-1)$ 个 1,$\frac{1}{2}(n+1)$ 个 -1(或取 $\frac{1}{2}n-1$ 个 -1,$\frac{1}{2}(n+1)$ 个 1)前述不等式取等号.

综上所述,当 n 为偶数时,S 的最小值为 $-\frac{n}{2}$;当 n

为奇数时，S 的最小值为 $-\frac{1}{2}(n-1)$. 若用取整记号 "[ ]"，则 S 的最大值可写成 $-[\frac{n}{2}]$.

著名的排序原理也是用局部调整法来证明的：

例10 设 $a_i, b_i(1 \leq i \leq n)$ 是实数，且 $a_1 \leq a_2 \leq \cdots \leq a_n, b_1 \leq b_2 \leq \cdots \leq b_n, c_1, c_2, \cdots, c_n$ 是 $b_1, b_2, \cdots, b_n$ 的一个排列，证明：$a_1 b_n + a_2 b_{n-1} + \cdots + a_n b_1 \leq \sum_{i=1}^{n} a_i c_i \leq a_1 b_1 + a_2 b_2 + \cdots + a_n b_n.$

证明 首先，因给定的数组 $b_1, \cdots, b_n$ 的排列 $c_1, \cdots, c_n$ 只有有限种，故不同的 $\sum_{i=1}^{n} a_i c_i$ 也只有有限个，它们中必有最大值和最小值.

设 $i > j, c_i \geq c_j$，我们来比较两个和数
$$s = a_1 c_1 + \cdots + a_j c_j + \cdots + a_i c_i + \cdots + a_n c_n$$
$$s' = a_1 c_1 + \cdots + a_j c_i + \cdots + a_i c_j + \cdots + a_n c_n$$
这里 s' 是由调换 s 中 c_i 和 c_j 的位置而得到的.

因为
$$s - s' = a_j c_j + a_i c_i - a_j c_i - a_i c_j = (c_i - c_j)(a_i - a_j) \geq 0$$
所以 $s \geq s'$. 由此可见，和数 s 中，最大的和数所对应的情况只能是数组 b_1 按小到大的顺序排列；而最小的和数只能是数组 b_1 按从大到小的顺序排列. 这就是所要证明的不等式.

应该指出，这里确定和数 $\sum_{i=1}^{n} a_i c_i$ 的最大（小）值的存在是十分必要的.

例如，欲在以 $ECABDF$ 为边界的闭区域（如图 9.14 的阴影部分所示）的内部或边界上找相距最远的

极值与最值(下卷)

两点 P,Q,此闭区域关于直线成 T 轴对称,且射线 $CE /\!/ T$.

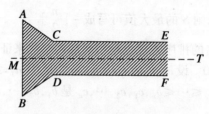

图 9.14

设 P,Q 是区域内或边界上的任意两点,只要线段 PQ 不是线段 AB,我们总可以在 P(或 Q)的邻近找到一点 P_1(或 Q_1)使 PQ 的距离增大.但若由此我们断言 AB 是 PQ 的最大值显然是错误的(已知闭区域是无界的).导致这个错误的原因就是没有证明最大值的存在.

在例 8 中,在证明 $\sin a_1 + \cdots + \sin a_n$ 最大值存在的前提下,后面的调整证明也可用.

判定最大(小)值的存在,在高等数学中常可借助于一元或多元函数在闭区域上的连续性较容易地做到;但在初等数学中一般只能处理有限种可能情况下的最大(小)值.

例 11(1977 年第 6 届美国中学数学奥林匹克试题) 已知 $0 < p \leqslant a,b,c,d,e \leqslant q$. 求证

$$(a+b+c+d+e)\left(\frac{1}{a}+\frac{1}{b}+\frac{1}{c}+\frac{1}{d}+\frac{1}{e}\right)$$
$$\leqslant 25 + 6\left(\sqrt{\frac{q}{p}} - \sqrt{\frac{p}{q}}\right)^2$$

证明 首先,若至少存在一个数(不妨设为 a)不为 p 或 q,暂时保持 b,c,d,e 不变.设

第9章 冻结变量法

$$w = (a+b+c+d+e)(\frac{1}{a}+\frac{1}{b}+\frac{1}{c}+\frac{1}{d}+\frac{1}{e})$$

$$m = b+c+d+e$$

$$n = \frac{1}{b}+\frac{1}{c}+\frac{1}{d}+\frac{1}{e}$$

则 $w+(a+m)(\frac{1}{a}+n) = 1+mn+an+\frac{m}{a}$

由

$$(na+\frac{m}{a})-(np-\frac{m}{p}) = (a-p)(n-\frac{m}{ap})$$

$$(na+\frac{m}{a})-(nq+\frac{m}{q}) = (a-q)(n-\frac{m}{aq})$$

又 $a-p \geqslant 0, a-q \geqslant 0$.

若 $n-\frac{m}{ap} \leqslant 0$,得 $na+\frac{m}{a} \leqslant np+\frac{m}{p}$;若 $n-\frac{m}{ap}>0$,有 $na+\frac{m}{a} \leqslant nq+\frac{m}{q}$.

可见,把 a 调整为 p 或 q, w 才能取得它的最大值.

同理,把 b,c,d,e 中不是 p 或 q 的数也调整为 p 或 q.

其次,假设 a,b,c,d,e 中有 k 个取值 p, $5-k$ 个取值 $q(0 \leqslant k \leqslant 5, k \in \mathbf{Z})$,于是

$$w = [kp+(5-k)q][\frac{k}{p}+\frac{5-k}{q}]$$

$$= k(5-k)(\sqrt{\frac{q}{p}}-\sqrt{\frac{p}{q}})^2+25$$

$$\leqslant 25+6(\sqrt{\frac{q}{p}}-\sqrt{\frac{p}{q}})^2$$

当 $k=2$ 或 $k=3$ 时,取等号.

即

极值与最值(下卷)

$$(a+b+c+d+e)(\frac{1}{a}+\frac{1}{b}+\frac{1}{c}+\frac{1}{d}+\frac{1}{e})$$
$$\leqslant 25+6(\sqrt{\frac{q}{p}}-\sqrt{\frac{p}{q}})^2.$$

其中等号当且仅当 $a_i(i=1,2,\cdots,5)$ 中有 2 数或 3 数为 p,其余等于 q 时成立.

由上面的证法知,此例可以推广为:

若 $0<p\leqslant a_i\leqslant q,i=1,2,\cdots,2n,2n+1$,则:

(1) $\sum\limits_{i=1}^{2n+1}a_i\cdot\sum\limits_{i=1}^{2n+1}\frac{1}{a_i}\leqslant(2n+1)^2+n(n+1)(\sqrt{\frac{q}{p}}-\sqrt{\frac{p}{q}})^2$;

(2) $\sum\limits_{i=1}^{2n}a_i\sum\limits_{i=1}^{2n}\frac{1}{a_i}\leqslant 4n^2+n^2\cdot(\sqrt{\frac{q}{p}}-\sqrt{\frac{p}{q}})^2=\frac{n^2(p+q)^2}{pq}$.

例 12 $m+n$ 个点将圆周划分为 $m+n$ 条弧,其中 m 个点用 A 表示,剩下的 n 个点用 B 表示. 如果一条弧的两个端点都是 A,则将这条弧记上数字 2;如果一条弧的两个端点都是 B,则将这条弧记上数字 $\frac{1}{2}$;如果一条弧的两个端点一个是 A 一个是 B,则将这条弧记上数字 1. 证明所有这些数字的乘积是 2^{n-m}.

证明 固定除了一条弧的端点外的所有 $m+n-2$ 个点的标记字母. 考虑这两个端点的互换引起乘积的变化. 显然,若这一条弧的端点的标记字母相同,则互换后乘积没有改变. 若这一条弧的两个端点的标记字母分别是 A 和 B,则亦可以验证这样互换后乘积也没有改变. 这只需要考虑 AABA,BABB,AABB,BBAA 这几种情况就可以了. 这说明我们可以假定所有的点 A 集合在一起,所有的点 B 集合在一起. 在这种情况下,很容易得出我们所要求的乘积数 2^{n-m}.

最后,我们用局部调整法来解一个著名的平面几何问题.

例 13(Schwarz 问题) 在锐角 $\triangle ABC$ 内作内接 $\triangle DEF$,使 $\triangle DEF$ 的周长最小.

解 $\triangle DEF$ 的周长等于 $DE+EF+FD$,含有三个变量,不妨先假定 D,E 为已知点,从而 DE 为已知长.来调整 DF,EF 的值,即调整 F 在 AB 上的位置,使 $EF+FD$ 最小.

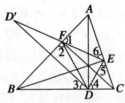

图 9.15

如图 9.15 所示,以 AB 为轴,将 D 对称到 D',联结 $D'E$ 交 AB 于 F,则 F 是使 $EF+FD$ 为最短的点. 显然,$\angle 1 = \angle 2$.这说明,如果 $\triangle DEF$ 的周长为最小时,必有 $\angle 1 = \angle 2$.同样可知:$\angle 3 = \angle 4,\angle 5 = \angle 6$.这时,$D,E,F$ 恰恰是垂足. 所以,当 $\triangle DEF$ 为 $\triangle ABC$ 的垂足三角形时,其周长最小.

此题也可以用下面的调整法来解:

因 $DE+EF+FD$ 的值,取决于三点 D,E,F 的位置,不妨假定 D 为已知点. 调整 E,F 的位置,使 $DE+EF+FD$ 有极小值(相对极小).

如图 9.16 所示,设 D 关于 AB,AC 的对称点分别为 M,N. 连 MN 交 AB,AC 于 F,E,则点 E,F 是使 $DE+EF+FD$ 相对于点 D 为最小的点. 下面调整 D 的位置,使 $DE+EF+FD = MN$ 最终达到最小值.

极值与最值(下卷)

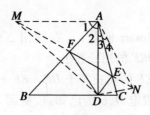

图 9.16

联结 AM, AN, AD. 因 M, N 是 D 的对称点,故 $AM = AD = AN$,且 $\angle 1 = \angle 2, \angle 3 = \angle 4$. 所以

$$\angle MAN = \angle 2 + \angle 3 + \angle 1 + \angle 4 = 2\angle BAC(定值)$$

于是,只需考虑对于具有固定顶点的等腰 $\triangle AMN$ 在何时底边 MN 的长最小,这需且只需它的腰长 $AM = AD$ 最小,从而 $AD \perp BC$. 同样可知, $BE \perp AC, CE \perp AB$,故垂足 $\triangle DEF$ 是 $\triangle ABC$ 的内接三角形中周长最小者.

例 14(1977 年苏联大学生数学竞赛试题) 由 10 名学生按照下列条件组织运动队:

(1)每人可以报名参加若干个运动队;

(2)任一运动队不能完全包含在另一队中,也不能与另一队完全相同.

试问在上述条件下,最多能组织多少个运动队?

解 设 M 是满足已知条件(1)和(2)且含有最多运动队的集合. M_i 是 M 中恰含 i 个人的那些运动队组成的子集,并设使 M_i 非空的最小 i 值为 r,最大 i 值为 s.

若 $s > 5$,设 N 是由 M_s 中的运动队除掉一名队员所得到的一切可能的运动队所组成,则 N 中的运动队都有 $s - 1$ 人. M_s 中的每个运动队恰含有 N 中的 s 个运动队,而 N 的每个运动队至多包含于 M_s 中的 $11 - s$ 个运动队之中. 因此,若用 $|N|, |M_s|$ 分别表示 N 和 M_s

中运动队的数目,则

$$(11-s)|N| \geq s|M_s|$$

$$|N| \geq \frac{s}{11-s}|M_s| \geq \frac{6}{5}|M_s| > |M_s|$$

此外还有 $N \cap (M \backslash M_s) = \varnothing$. 事实上,若有 $M_i(i<s)$ 中的运动队含于 N 中的某队之中,则因 N 中的队系由 M_s 中某队去掉一名队员所生成,故 M_i 中的队必含于 M_s 中某队之内,这不可能. 这样一来,若令

$$S = (M \backslash M_s) \cup N$$

则 S 也满足条件(1)和(2)且 $|S| > |M|$,矛盾. 故必有 $s \leq 5$.

同理,若 $r<5$,设 T 是将 M_r 中的运动队加上一名队员所得的一切可能的运动队的集合. 于是 M_r 中每队恰被 T 中 $10-r$ 个队所包含,而 T 中每队至多包含 M_r 中的 $r+1$ 个队. 像上面一样地可以证明 $r \geq 5$. 综上可知, M 中的运动队全由五人组成. 由五人组成的所有可能的运动队的数目为 $C_{10}^5 = 252$. 这些运动队显然满足条件(1)和(2),故所求的最大值即为 252.

上面几个例子中的调整法都用于反证. 其实,调整法也可用于正面推导.

例 15(1985 年美国数学竞赛试题) 设 $a_1, a_2, \cdots, a_n, \cdots$ 是一个不减的正整数为项的数列,对于 $m \geq 1$,定义 $b_m = \min\{n, a_n \geq m\}$,即 b_m 是使 $a_n \geq m$ 的 n 的最小值. 若已知 $a_{19} = 85$,试求

$$a_1 + a_2 + \cdots + a_{19} + b_1 + b_2 + \cdots + b_{85} \quad (5)$$

的最大值.

解 若有 $i(1 \leq i \leq 18)$,使得 $a_i < a_{i+1}$,则就进行如下调整: $a_i' = a_i + 1, a_j' = a_j(j \neq i)$,并将调整后的 b_j 记

为 $b'_j(j=1,2,\cdots,85)$. 按定义可知

$$b_{a_i+1} = i+1, b'_{a_i+1} = i = b_{a_i+1} - 1, b'_j = b_j(j \neq a_i+1)$$

这就是说,上述调整使得 b_{a_i+1} 减少 1 而其余的 b_j 不动. 因此,所做的调整保持式(5)的值不变.

这样,我们就可以进行一系列的调整,使得 $a_1 = a_2 = \cdots = a_{19} = 85$ 并保持式(5)的值不变. 但这时 $b_1 = b_2 = \cdots = b_{85} = 1$,所以,所求的式(5)的最大值为

$$19 \times 85 + 1 \times 85 = 20 \times 85 = 1\,700$$

下面是上海市高三数学竞赛第二轮的一道试题和第 4 届全国数学冬令营选拔赛的一道试题,它们的解法都是典型的局部调整法.

例 16 如图 9.17 所示,有 $m \times n$ 个格点,求从点 $A(1,1)$ 到达点 $B(m,n)$ 的一条路径,使得它所经过的每一个格点的两坐标的乘积之和为最大,并求出此最大值.(注:这里所谓"路径"指的是向上、向右,即不允许逆着 x, y 轴的正向走)

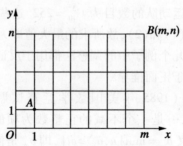

图 9.17

解 因为路径的条数是有限的,故所求的最大值存在.

如果某条路径中有这样的点 (i,j) 满足 $i-j \geq 2$,且 $j < n$,那么在它所经过的格点中一定可以找到这样的

第9章　冻结变量法

转角点 $P(i_0, j_0)$，使 $i_0 - j_0 \geq 2$，且它的前一点为 $(i_0 - 1, j_0)$，后一点为 $(i_0, j_0 + 1)$. 这时用点 $P'(i_0 - 1, j_0 + 1)$ 代替 $P(i_0, j_0)$ 得到另一条路径. 由于 $(i_0 - 1)(j_0 + 1) > i_0 j_0$，故新路径所经过的格点坐标积之和要比原来的大.

同理，如果有这样的点 (i, j)，满足 $j - i \geq 2$，且 $i < m$，也可用类似的替代增大路径格点坐标积之和.

由此可见，具有最大值的路径所经过的格点 (i, j) 必符合 $|i - j| \leq 1$；或 $j - i \geq 2, i = m_1$ 或 $i - j \geq 2, j = n$.

于是，当 $m \geq n$ 时，最大值的和是
$$1^2 + 2^2 + \cdots + n^2 + 1 \times 2 + 2 \times 3 + \cdots + (n-1) \cdot n + n[(n+1) + (n+2) + \cdots + m]$$
$$= \frac{1}{6} n(n+1)(2n+1) + \frac{1}{3}(n-1)n(n+1) + n \cdot \frac{1}{2}(m-n)(m+n+1)$$
$$= \frac{n(3m^2 + n^2 + 3m - 1)}{6}$$

当 $m < n$ 时，有类似的最大值的和是
$$\frac{m(3n^2 + m^2 + 3n - 1)}{6}$$

习　题

1. (1989年全国联赛试题) 已知 $a_1, a_2, \cdots, a_n$ 都是正数，且 $a_1 a_2 \cdots a_n = 1$. 求证：$(2 + a_1) \cdot (2 + a_2) \cdots (2 + a_n) \geq 3^n$.

2. 设 $m \geq 4, x_1, x_2, \cdots, x_n$ 都是非负实数，且 $x_1 +$

极值与最值(下卷)

$x_2 + \cdots + x_n = 1$. 求证

$$x_1 x_2 + x_2 x_3 + \cdots + x_n x_1 \leq \frac{1}{4}$$

3. 设 P 为 $n+1$ 个正数 $x_1, x_2, \cdots, x_n, x_{n+1}$ 的乘积. 若 $\dfrac{1}{1+x_1} + \dfrac{1}{1+x_2} + \cdots + \dfrac{1}{1+x_{n+1}} = 1$,求 P 的最小值.

4. (1961 年 IMO 试题)已知三角形的三边长为 a, b, c,面积为 S. 求证:$a^2 + b^2 + c^2 \geq 4\sqrt{3} S$,并问何时等号成立?

5. (1963 年莫斯科竞赛题)设 a, b, c 都是正数. 求证

$$\frac{a}{b+c} + \frac{b}{c+a} + \frac{c}{a+b} \geq \frac{3}{2}$$

6. (1988 年"友谊杯"数学竞赛试题)设 a, b, c 都是正数. 求证

$$\frac{a^2}{b+c} + \frac{b^2}{c+a} + \frac{c^2}{a+b} \geq \frac{a+b+c}{2}$$

7. 设 a, b, c 为三角形的三边长,且 $a+b+c = 2$. 求证:$a^2 + b^2 + c^2 < 2(1 - abc)$.

8. 设 a, b, c, d 都是非负实数. 求证

$$\sqrt{\frac{a^2+b^2+c^2+d^2}{4}} \geq \sqrt[3]{\frac{abc+bcd+cda+dab}{4}}$$

9. 设 α, β, γ 为三角形的三内角. 求证

$$\cos\frac{\alpha}{2}\cos\frac{\beta}{2} + \cos\frac{\beta}{2}\cos\frac{\gamma}{2} + \cos\frac{\gamma}{2}\cos\frac{\alpha}{2} > \frac{1}{2} + \sqrt{2}$$

10. 设 A, B, C, D, E, F 是凸六边形的六个内角. 求

$$\frac{1}{\sin A} + \frac{1}{\sin B} + \frac{1}{\sin C} + \frac{1}{\sin D} + \frac{1}{\sin E} + \frac{1}{\sin F}$$

的最小值.

11.(1982年第11届美国中学数学奥林匹克试题)若点 A_1 在等边 $\triangle ABC$ 内部,点 A_2 在 $\triangle A_1BC$ 内部,证明:I. Q. (A_1BC) > I. Q. (A_2BC).(这里,图形 F 的等周商定义为 I. Q. $(F) = \dfrac{F 的面积}{(F 的周长)^2}$)

12.(1963年北京市高三数学竞赛试题)设有 2^n 个球分成了许多堆.我们可以任意选甲、乙两堆来按照下列规则挪动:若甲堆的球数 p 不少于乙堆的球数 q,则从甲堆拿 q 个球放到乙堆中去,这样算一次挪动.证明:可以经过有限次挪动,把所有的球合并成一堆.

13.(1982年全国高中数学联赛试题)已知正 $\triangle ABC$ 边长为 4,D,E,F 分别为 BC,CA,AB 上的点且使 $AE = BF = CD = 1$.联结 AD,BE,CF 三线交成 $\triangle QRS$,点 P 在 $\triangle QRS$ 内及其边上变动,点 P 到 $\triangle ABC$ 三边的距离分别记为 x,y,z.求证:当点在 $\triangle QRS$ 的顶点时,乘积 xyz 取得最小值.

14.设 $x \geq 0, y \geq 0, z \geq 0, x+y+z=1$,求 $A = 2x^2 + y + 3z^2$ 的最大值和最小值.

15.设 $x_1, x_2, \cdots, x_n$ 都是非负实数且 $x_1 + x_2 + \cdots + x_n = 1, n \geq 4$,求 $S = x_1 x_2 + x_2 x_3 + \cdots + x_{n-1} x_n + x_n x_1$ 的最大值.

16.(1981年美国数学竞赛试题第3题)设 $\triangle ABC$ 的三个内角是 A, B, C,求证

$$-2 \leq \sin 3A + \sin 3B + \sin 3C \leq \dfrac{3}{2}\sqrt{3}$$

并问等号何时成立?

17.(1988年"友谊杯"数学竞赛试题)设 a,b,c 都是正实数,求证

$$\frac{a^2}{b+c}+\frac{b^2}{c+a}+\frac{c^2}{a+b}\geq \frac{a+b+c}{2}$$

18. (1989年IMO预选题)已知155只鸟停在一个圆C上.如果$\stackrel{\frown}{P_iP_j}\leq 10°$,则称鸟$P_i$与$P_j$是互相可见的.求互相可见的鸟对的最小数目(可以假定一个位置同时有几只鸟).

19. (1985年IMO候选题)设集$A=\{0,1,2,\cdots,9\}$,$B_1,B_2,\cdots,B_k$为A的一族非空子集,且当$i\neq j$时,$B_i\cap B_j$至多有两个元素,求k的最大值.

20. (1974年全苏数学竞赛试题)两个人在一个面积为1的三角形上进行如下的竞赛:第一人在边BC上取一点X,然后第二人在边CA上取一点Y,最后第一人再于边AB上取一点Z.第一人要使$\triangle XYZ$有最大可能面积,而第二人则要使它有最小可能面积.问第一人所能实现的三角形的最大面积是多少?

21. (1985年IMO候选题)用l表示所有内接于三角形T的矩形的对角线中最短一条的长度,用S_T表示三角形T的面积.对于所有三角形T,试求比值l^2/S_T的最大值.

22. (1969年波兰数学竞赛试题)已知$a_1,a_2,\cdots,a_n$是两两互异的实数.x是实变量,求函数$y=|x-a_1|+|x-a_2|+\cdots+|x-a_n|$的最小值.

最小数原理及其应用

最小数原理是人们在解题中常用的一种非常简单和极为重要而又易被人们忽视的数学原理. 它在初等数学和高等数学中有着广泛的应用(特别是应用在与自然数有关的命题中),在国内外的数学竞赛中,应用这个原理来解的题目更是常见的. 因此,本章就向大家介绍这个原理及其应用.

10.1 什么是最小数原理

我们知道,任给一个自然数集:$\{1,2,4,6,\cdots\}$,$\{48,70,8,102,\cdots\}$,都可以看到它们都有一个最小的数,这就是自然数的一个重要性质,称之为最小数原理.

最小数原理 1 自然数集 N 的非空子集 S 中必存在最小数.

证明 S 是非空的,一定存在一个自然数 $m \in S$,于是 m 将 S 分为两个子集

极值与最值

$$B_1 = \{a \mid a \leqslant m, \text{对一切 } a \in S\}$$
$$B_2 = \{a \mid a > m, \text{对一切 } a \in S\}$$

显然 $S = B_1 \cup B_2$,$B_1 \cap B_2 = \varnothing$,且对任意 $b_1 \in B_1$ 和 $b_2 \in B_2$,有
$$b_1 < b_2 \tag{1}$$

注意 B_1 是非空的. 因为 $m \in B_1$,由于 $\{1,2,\cdots,n\}$ 是有限集,B_1 是它的子集,所以 B_1 也是有限集. 当然存在一个最小数 a_1,由式(1)可知 a 也是 S 中的最小数. 证毕.

显然,S 是 N 的一个非空子集,可以是有限集也可以是无限集. 但如果 S 是整数集、有理数集或实数集,这个结论就不一定成立,只有当它们是有限非空子集时,结论才成立. 因此,我们有下面的结论:

最小数原理 2(或最大数原理) 实数集 **R** 的有限非空子集 T 中,必存在最小的数(或最大的数).

最小数原理的一个古老的应用是证明"除法定理". 即"给定正整数 $a,b(b \neq 0)$,存在唯一的整数 q,r($0 \leqslant r < b$),使 $a = bq + r$.

证明 考虑整数集合 $S = \{a - bt\}$,t 为整数. 则存在一最小的非负整数 $r \in S$. 如果 r 对应的 t 值为 q,即 $a - bq = r$,我们来证明 $r < b$. 若不然,设 $r = b + r_1$($r_1 \geqslant 0$),则 $r_1 = r - b = a - bq - b = a - b(q+1)$ 可知 $r_1 \in S$. 且 $0 \leqslant r_1 = r - b < r$. 这与 r 是 S 中最小非负整数矛盾. 故 $0 \leqslant r < b$.

上面证明了 q,r 的存在. 现假定 $a = bq + r = bq_1 + r_1$($0 \leqslant r < b, 0 \leqslant r_1 < b$),则
$$b(q - q_1) + (r - r_1) = 0 \tag{2}$$

由式(2)知 $b \mid r - r_1$,因 $0 \leqslant r < b, 0 \leqslant r_1 < b$,所以

第 10 章　最小数原理及其应用

$-b < r - r_1 < b$,而在 $-b$ 与 b 之间 b 的倍数只有 0,所以 $r - r_1 = 0$. 由式(2)及 $b \neq 0$ 有 $q - q_1 = 0$,所以 q, r 是唯一的.

最大数原理一个古老的应用,是欧几里得关于"素数无穷"定理的证明.

如果素数有有限个,则必有一个最大的 P_n. 但整数 $n = P_n! + 1$ 显然不能被小于或等于 P_n 的任何整数整除(余数为 1),因而或 n 是一个更大的素数或有比 P_n 更大的素因子. 这都与 P_n 是最大的素数矛盾. 所以素数无穷.

这种思想方法是:欲证无穷,可假定有限,则必有一个最大,但又可推出还有比这一个更大的,于是推出矛盾. 这种方法被广泛应用于解答数无穷的问题的证明. 尤其是应用于不定方程有无穷多解的证明(例题见后).

10.2　最小数原理与数学归纳法

最小数原理与数学归纳法是否是等价的呢？下面先看一个简单的例子.

例 1　求证:对一切自然数 n,有
$$1 - 4 + 9 - 16 + \cdots + (-1)^{n+1} n^2$$
$$= (-1)^{n+1} \frac{n(n+1)}{2}$$

分析　这个命题显然可以用数学归纳法加以证明,现在我们用最小数原理来证.

证明　记 $P(n)$ 为给出的命题. 设题设结论不成

极值与最值

立,即至少有一个 m,使 $P(m)$ 不成立.令 M 表示使 $P(n)$ 不成立的自然数的集合.因为 $P(1)$ 是显然成立的,所以 $1 \notin M$,所以 M 是 $\mathbf{N}$ 的一个真子集,由于 $m \in M$,所以 M 非空,由最小数原理,知 $m_0 \in M$,使 $m_0 \leq m_i$,其中 $m_i \in M$,即 $P(m_0)$ 不成立,且 $m_0 > 1$ (因为 $1 \notin M$).因为 $m_0 - 1 < m_0$,所以 $m_0 - 1 \notin M$,故 $P(m_0 - 1)$ 是成立的,即

$$1^2 - 2^2 + 3^2 - 4^2 + \cdots + (-1)^{m_0}(m_0-1)^2$$
$$= (-1)^{m_0}\frac{(m_0-1)m_0}{2}$$

在等式两端加上 $(-1)^{m_0+1}m_0^2$,得

$$1^2 - 2^2 + 3^2 - 4^2 + \cdots + (-1)^{m_0}(m_0-1)^2 + (-1)^{m_0+1}m_0^2$$
$$= (-1)^{m_0}\left[\frac{(m_0-1)m_0}{2} - m_0^2\right]$$
$$= (-1)^{m_0}\frac{m_0[(m_0-1) - 2m_0]}{2}$$

整理,得

$$1 - 4 + 9 - 16 + \cdots + (-1)^{m_0+1}m_0^2$$
$$= (-1)^{m_0+1}\frac{m_0(m_0+1)}{2}$$

即 $P(m_0)$ 成立,这与 $m_0 \in M$ 矛盾,因而原假定不真,所以,命题 $P(n)$ 对 $-n \in \mathbf{N}$ 均成立.

由此可见,由最小数原理和反证法,可以证明用数学归纳法可以证明的命题.

下面给出关于最小数原理的归纳原理和等价性证明.

由归纳原理证明最小数原理:

设 T 是自然数集 $\mathbf{N}$ 的一个非空子集,我们要证明

在 T 中存在一个最小数,即存在一个 $t_0 \in T$ 使得 $t_0 \leq t$,对一切 $t \in T$ 成立.

假设 T 中不存在最小数,令 S 表示 $\mathbf{N}$ 中所有适合于条件 $n < t$,对一切 $t \in T$ 的自然数集合,那么首先必有 $1 \notin T$(否则 1 就是 T 中的最小数),所以 $1 \in S$. 设 k 是 S 中任一自然数,则 $k \in \mathbf{R}$,对一切 $t \in T$ 成立. 我们证明 $k+1 \in S$,反设若 $k+1 \notin S$,即在 T 中存在一个 t_1 使得 $t_1 \leq k+1$. 因为 T 中不存在最小数,所以一定存在一个 $t_2 \in T$,使得 $t_2 < t_1 \leq k+1$,即 $t_2 \leq k$,这与 $k \in S$ 的选取矛盾. 故而证得 $k+1 \in S$. 于是,由归纳原理:$1 \in S$,若 $k \in S$,一定有 $k+1 \in S$,则 $S = \mathbf{N}$. 因为 T 是非空的,一定存在一个自然数 $t \in T$,但 $S = \mathbf{N}$,所以 $t \in S$,这就导致 $t < t$ 的矛盾. 因此,假定 T 没有最小数是不成立的,因而证得最小数原理.

由最小数原理推证归纳原理:

设 M 是自然数集 $\mathbf{N}$ 的一个子集,且是(1)$1 \in M$;(2)若 $k \in M$,则 $k+1 \in M$. 假设 $M \neq \mathbf{N}$,则设 $\{x \mid x \in \mathbf{N}$ 且 $x \notin M\} = F$,则 $F \neq \varnothing$. 由最小数原理,可找到 $f_0 \in F$,且 $f_0 \leq f$ 对一切 $f \in F$ 成立. 因为 $f_0 \in F$,所以 $f_0 \neq 1$,必定可以找到 f_0',使 $f_0' + 1 = f_0$,因为 $f_0' < f_0$,所以 $f_0' \in M$. 依上述已知条件(2),当 $f_0' \in M$ 时,可推出 $f_0' + 1 \in M$,即 $f_0 \in M$,这与 $f_0 \in F$ 即 $f_0 \notin M$ 矛盾,因而 $F = \varnothing$,即 $M = \mathbf{N}$. 证毕.

10.3 最小数或最大数原理在解题中的应用

在前面,我们证明了最小数原理和数学归纳法是等价的,即凡是能用数学归纳法证明的命题也能用最小数原理来证明.但从解决问题的模式上来看,它们是各不相同的.一般来说,数学归纳法较多地用于证明与自然数有关的肯定性命题.而最小数原理既可以证明肯定性命题,又能肯定具有某种"性质"的对象的存在性,还经常用来证明否定性命题(例如,某些性质不成立,某种对象不存在,这些问题从表面上看来似乎与自然数无关,用数学归纳法是很难奏效的).因此,最小数原理在具体使用时,有时也比用数学归纳法来证明要方便.

例1 求证:对一切自然数 n,不定方程 $x^2 + y^2 = z^n$ 都有正整数解.

证明 用反证法.如果命题不是对一切自然数都成立,那么可以作一个非空的自然数子集 $M = \{m \mid$ 命题对 m 不成立$\}$.由最小数原理知,M 中必有一个最小数 k_0,这时不定方程 $x^2 + y^2 = z^{k_0}$ 无整数解.另一方面,可以验证命题对 1,2 都成立,所以 $k_0 \ne 1, 2$,因而 $k_0 \ge 3$.于是命题对 $k_0 - 2$ 是成立的.这就是说,不定方程 $x^2 + y^2 = z^{k_0-2}$ 有正整数解 (x_0, y_0, z_0).现取正整数 $x_1 = x_0 z_0, y_1 = y_0 z_0, z_1 = z_0$.于是 $x_1^2 + y_1^2 = x_0^2 z_0^2 + y_0^2 z_0^2 = (x_0^2 + y_0^2) z_0^2 = z_0^{k_0-2} z_0^2 = z_0^{k_0} = z_1^{k_0}$,即 (x_1, y_1, z_1) 是不定方程 $x^2 + y^2 = z^{k_0}$ 的一个正整数解,即命题对 k_0 是成立的,相矛盾.由此得证.

由例1的证法可知,用最小数原理证明问题的一个程式是:(1)若命题不是对一切自然数都成立,那么由最小数原理可得到使命题不成立的一个最小的自然数 k_0;(2)验证 $k_0 > 1$(据证明需要,如上例中 $k_0 \ne 1, 2$),且由 k_0 的最小性知,小于 k_0 的任一自然数都使命题成立;(3)从命题对 k_0-1 或 k_0-2 成立(或命题对小于 k_0 的自然数都成立)出发,推证命题对 k_0 也成立,从而导出矛盾,而使原命题得证.当然,在具体应用时,不一定要死套以上程式,而要灵活地加以运用.

例2 求证:任一正方形总可以分割成几个(大于5)正方形.

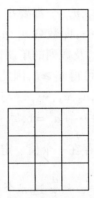

图 10.1

证明 如果命题不是对大于 5 的一切自然数都成立,那么由最小数原理知,必有使命题不成立的最小自然数 k_0(大于 5).另一方面,由图 10.1 可知, $k_0 \geq 9$,于是命题对自然数 k_0-3 成立.即任一正方形可以分割成 k_0-3 个正方形,这时,再把其中的一个正方形分割为 4 个小正方形.可见,任一正方形可以分割成 k_0 个正方形,矛盾.由此得证.

例3 已知 $n_1, n_2, n_3, \cdots$ 是一个正整数数列,它具有性质 $n_{n_k+1} > n_k$.证明这个数列一定是 $1, 2, 3, 4, \cdots$.

证明 设 S 是数列中全体不同的自然数所组成的集合,显然 $S \neq \varnothing$.由最小数原理知 S 中有一个最小的数,而这个最小的数一定是 n_1.这是因为它的项都能

写成 n_{k+1} 的形式,因而有 n_{nk} 比它小,所以都不能是这个最小数. 因此,还说明了 n_1 严格地小于其余的项.

但是关于 n_1 的性质还能进一步下去. 考虑新的数列 $n_{2-1}, n_{3-1}, n_{4-1}, \cdots$,具有和原来数列相同的性质. 它们全是正整数,这是因为 $n_{k+1} > n_{nk} \geq 1$;而 $n_{(nk+1-1)+1} - 1 < n_{(k+1)+1} - 1$,就可以从 $n_{k+2} < n_{k+1}$ 推出. 因此,$n_2 = 1$,从而 n_2 比 $n_3, n_4, \cdots$ 都要小. 重复上述过程,可得出 $n_1 < n_2 < n_3 < \cdots$,即数列 $n_1, n_2, \cdots$ 是严格单调上升的. 再从 $n_{k+1} > n_{nk}$ 及数列的单调性可得 $k+1 > n$,而从 $n_1 < n_2 < n_3 < \cdots$ 可得 $n_k \geq k$,因此 $n_k = k$.

例 4 已知 $a_1, a_2, a_3, \cdots, a_n$ 与 $b_1, b_2, \cdots, b_n$ 是 $2n$ 个正数,且 $a_1^2 + a_2^2 + \cdots + a_n^2 = 1, b_1^2 + b_2^2 + \cdots + b_n^2 = 1$. 求证:$\dfrac{a_1}{b_1}, \dfrac{a_2}{b_2}, \cdots, \dfrac{a_n}{b_n}$ 中存在一个值一定不大于 1.

证明 因 $\dfrac{a_1}{b_1}, \dfrac{a_2}{b_2}, \cdots, \dfrac{a_n}{b_n}$ 这 n 个数中,必有最小数,不妨设为 $\dfrac{a_r}{b_r}$,即 $\dfrac{a_r}{b_r} \leq \dfrac{a_i}{b_i} (i = 1, 2, \cdots, n)$.

由于 $b_i > 0$,于是
$$\frac{a_r}{b_r} b_i \leq a_i, \left(\frac{a_r}{b_r}\right)^2 b_i^2 \leq a_i^2 \quad (i = 1, 2, \cdots, n)$$

因此
$$\left(\frac{a_r}{b_r}\right)^2 (b_1^2 + b_2^2 + \cdots + b_n^2) \leq a_1^2 + a_2^2 + \cdots + a_n^2$$

又由题设条件,即有 $\left(\dfrac{a_r}{b_r}\right)^2 \leq 1$,亦 $\dfrac{a_r}{b_r} \leq 1$.

例 5 设 A 为平面上 $2n$ 个点构成的集合,其中任意三点不共线. 现将 n 点涂红色,n 点涂蓝色. 试证明或否定:可找到两两不共点的 n 条直线段,其中每条线

段的二端点均为 A 中异色的点.

证明 因为总共只有有限个点,故将红点与蓝点一一配对的方法也只有有限个. 对每个配对的方法 P,我们来考虑得到的两两不共点的 n 条线段的长度和 $S(P)$,其中必然有某个 $S(P)$ 最小. 假设在 P 中有线段 RB 与 $R'B'$ 相交(此处 R,R' 表红点,B,B' 表蓝点),则将此二线段用 RB' 和 $R'B$ 代替,根据三角形任意两边之和大于第三边,可知它们对应的配对方法 P' 之线段长度和 $S(P')$ 必小于 $S(P)$,这与 $S(P)$ 为最小矛盾. 故 P 中之 n 条线段各两两不相交.

例6(1966 年波兰数学竞赛题) 有限数组 $a_1,a_2,\cdots,a_n(n\geqslant 3)$ 满足关系 $a_1=a_n=0$ 及 $a_{k-1}+a_{k+1}\geqslant 2a_k(k=2,3,\cdots,n-1)$. 证明:数 $a_1,a_2,\cdots,a_n$ 中没有正数.

分析 本例就是要 $a_i\leqslant 0(i=1,2,\cdots,n)$,我们可证明其最大项 $a_r=0$. 因已知 $a_1=a_n=0$,我们可证明 $a_r=a_1$.

证明 由最大数原理,可知存在最大的 $a_r,a_i\leqslant a_r$ ($i=1,2,\cdots,n$),又设 s 是满足 $a_s=a_r$ 的最小下标(即第 s 项前各项的均小于 a_r,第 s 项等于 a_r). 我们来证明 $s=1$,如果 $s>1$ 则 $a_{s-1}<a_s$,而 $a_{s+1}\leqslant a_s$(因为 $a_s=a_r$ 是最大项),于是 $a_{s-1}+a_{s+1}<2a_s$,这与已知 $a_{s-1}+a_{s+1}\geqslant 2a_s$ 矛盾,所以 $s=1$. 由已知 $a_r=a_s=a_1=0$,根据 a_r 是最大数的假定,$a_i\leqslant 0(i=1,2,\cdots,n)$ 即为所证.

例7(1974 年波兰数学竞赛题) 已知实数列 $\{a_k\}(k=1,2,\cdots)$ 具有性质:存在自然数 n 满足关系 $a_1+a_2+\cdots+a_n=0$ 及 $a_{n+k}=a_k$. 证明:存在自然数 N,

极值与最值

当 $k=2,\cdots$ 时,满足不等式 $\sum_{i=N}^{N+k} a_i \geq 0$.

证明 记 $S_j = \sum_{j=1}^{n} a_j$,由已知有 $S_n = 0$ 及
$$a_{n+1} = a_1, a_{n+2} = a_2, \cdots$$

所以
$$S_{2n} = S_n + S_n = 0, S_{3n} = 0, \cdots, S_{pn} = 0 \quad (p \text{ 为自然数})$$
且 $S_{j+n} = S_j (j=1,2,\cdots,n)$. 这说明数列 $\{S_n\}$ 中只有有限个不同的值. 设 S_m 是 $S_1, S_2, \cdots, S_n$ 中的最小数,并取 $N = m+1$,则 N 即满足要求. 事实上,这时有
$$\sum_{i=N}^{N+k} a_i = S_{N+k} - S_{N-1} = S_{m+k-1} - S_m \geq 0$$

例8(1987年加拿大数学竞赛题) 在一块平地上有 n 个人,每个人到其他人的距离均不相同,每人手中都有一把水枪. 当发出信号时,每人用水枪击中离自己最近的人. 当 n 为奇数时,证明:至少有一个人身上是干的;当 n 为偶数时,请问这个结论是否正确?

证明 当 n 为奇数时,设 $n = 2m - 1$,对 m 运用数学归纳法:

(1)当 $m=1$ 时,$n=1$,平地上只有 1 人,他的身上是干的,结论成立;

(2)假设命题对 m 成立,下面考虑对 $m+1$ 时的情形,即 $n = 2(m+1) - 1 = 2m+1$ 的情形.

在这 $2m+1$ 个人中,由于每两个人的距离构成的集合是一个有限集,故一定有一个最小数,设 A,B 两人的距离最小. 将 A,B 二人去掉后,还剩下 $2m-1$ 人,由归纳假设,这 $2m-1$ 人中至少有一个人,设为 C,身上是干的,再把 A,B 加进去后,由于 AB 的距离最小,则 $AC > BC, BC > AB$,由题设 C 的身上仍是干的.

所以,对 $n=2m+1$ 的情形,结论成立.
从而对 n 为奇数的情形,命题成立.

若 n 为偶数,结论不成立. 设 $n=2m$,这 $2m$ 个人记为 $A_1, A_2, \cdots, A_m, B_1, B_2, \cdots, B_m$.

现在,我们这样安排这 $2m$ 个人的位置,把 A_j, B_j 都放在数轴上,让 A_j 在 $3j$ 点上,B_j 在 $3j+1$($j=1,2,\cdots,m$)点上. 这样 A_j 与 B_j 相距为 1,与其他人距离大于 1. 此时,A_j, B_j 互相击中.

例9(第5届冬令营竞赛题) 设 X 是一个有限集合. 法则 f 使得 X 的每一个偶数子集 E(偶数个元素组成的子集)都对应一个实数 $f(E)$,且满足条件(1)存在一个偶子集 D,使得 $f(D) > 1\,990$;(2)对于 X 的任意两个不相交的偶子集 A, B,有
$$f(A \cup B) = f(A) + f(B) - 1\,990$$
求证:存在 X 的子集 P 和 Q,满足(1)$P \cap Q = \varnothing$,$P \cup Q = X$;(2)对于 P 的任何非空偶子集 S,有 $f(S) > 1\,990$;(3)对 Q 的任何偶子集 T,有 $f(T) \leqslant 1\,990$.

证明 由于 X 是有限集,从而 X 的一切偶子集的数目是有限的. 令 P 是 X 的 f 取值最大且元素个数最少的偶子集,Q 是 P 相对于 X 的余集. 可以证明上述 P, Q 满足所给的性质:

(1)显然有 $P \cap Q = \varnothing$,$P \cup Q = X$;

(2)由假设(1)及 P 的取法易知 $f(P) \geqslant f(0) > 1\,990$. 由假设(2)可得 $f(\varnothing) = f(\varnothing) + f(\varnothing) - 1\,990$. 所以 $f(\varnothing) = 1\,990$. 从而 $P \neq \varnothing$. 对于 P 的任何非空偶子集 S,令 $\overline{S}$ 是 S 相对于 P 的余集,则 $S \cap \overline{S} = \varnothing$,$S \cup \overline{S} = P$. 如果 $f(S) \leqslant 1\,990$,则由假设(2)可知
$$f(P) = f(\overline{S}) + f(S) - 1\,990 \leqslant f(\overline{S})$$

极值与最值

又 $S \neq \varnothing$，从而 $\bar{S}$ 的元素的个数少于 P 的元素的个数，与 P 的取法矛盾. 因此，$f(S) > 1\,990$.

(3) 任取 Q 的偶子集 T. 由于 $P \cap T = \varnothing$，如果 $f(T) > 1\,990$，则由假设（2）可知 $f(P \cup T) = f(P) + f(T) - 1\,990 > f(P)$，也与 P 的取法矛盾. 因此，$f(T) \leqslant 1\,990$.

例10 在平面上坐标 x, y 全是整数的点 (x, y)，称为格点. 证明：如果 n 个格点是一个正 n 边形的顶点，那么 $n = 4$. 也就是说，正方形是唯一的格点正多边形.

证明 假定有格点正 n 边形存在，即它的 n 个顶点全是格点. 设 S 是格点正 n 边形的边长的平方数所组成的集合. 显然 $S \neq \varnothing$，且由距离公式 $S^2 = (x_2 - x_1)^2 + (y_2 - y_1)^2$ 可知集合 S 中的数全是自然数. 由最小数原理知 S 中有一个最小的数，即存在一个边长最小的格点正 n 边形 $P_1 P_2 \cdots P_n$. 依次作 $P_1 Q_1 \underline{\underline{}} P_2 P_3$，$P_2 Q_2 \underline{\underline{}} P_3 P_4, \cdots, P_{n-1} Q_{n-1} \underline{\underline{}} P_n P_1, P_n Q_n \underline{\underline{}} P_1 P_2$（图10.2）. 在 $n = 5$ 和 $n \geqslant 7$ 时，可得到一个新的正 n 边形 $Q_1 Q_2 \cdots Q_{n-1} Q_n$，它也是格点正 n 边形且其边长比最小的格点正 n 边形的边长还要小. 这个矛盾说明在 $n = 5$ 和 $n \geqslant 7$ 时，格点正 n 边形不存在. 当 $n = 3$ 时，若存在一个格点正三角形，设它的边长为 S，则面积为 $\frac{\sqrt{3}}{4} S^2$，是无理数. 若将这个面积用行列式表示为 $\frac{1}{2} \begin{vmatrix} x_2 - x_1 & y_2 - y_1 \\ x_3 - x_2 & y_3 - y_2 \end{vmatrix}$，是有理数，推出矛盾. 同样可证 $n = 6$ 时的情形.

第10章 最小数原理及其应用

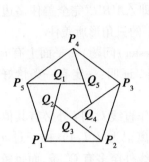 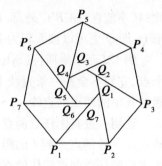

图 10.2

例 11(1980 年北京市迎春赛数学试题) 已知一个凸多边形不能盖住任何面积为 0.25 的三角形. 证明:这个多边形可以被面积为 1 的三角形盖住.

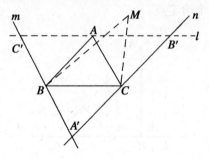

图 10.3

证明 设凸多边形为 Q,则 Q 各点连成的三角形中必能找到最大面积者,不妨设为 $\triangle ABC$. 依题设显然 $S_{\triangle ABC} < 0.25$. 如图 10.3 所示,过 A 作直线 $l \parallel BC$,过 B 作 $m \parallel AC$,过 C 作 $n \parallel AB$. 直线 l, m, n 交得 $\triangle A'B'C'$,则 $S_{\triangle A'B'C'} = 4 S_{\triangle ABC} \leqslant 1$. 我们证明 $\triangle A'B'C'$ 必能盖住多边形 Q. 如若不然,将存在 Q 中至少一个点在 $\triangle A'B'C'$ 外面. 设 $M \in Q$,M 在 $\triangle A'B'C'$ 外侧. 为确定起见,设 M 在 l 关于 A' 的另一侧. 联结 MC, MB,得 $S_{\triangle MBC} > S_{\triangle ABC}$. 这与 $\triangle ABC$ 为 Q 的最大面积的内接三角形相矛盾,因

63

此,M 不能在 $\triangle A'B'C'$ 外部. 即 $\triangle A'B'C'$ 完全盖住多边形 Q,即 Q 更可以被面积为 1 的三角形所盖住.

例 12(西尔维斯特(Sylvester)问题) 平面上有 n 个点,它们不全在一条直线上. 证明:一定有一条恰好通过其中的两点的直线.

证明 过其中任意两点作直线 l,则 l 外必有其他给定点. l 外的点 A 到 l 的距离记为 $d(l,A)$. 由于过 n 个点中的任意两点所作的直线外至多有 C_n^2 条,而每条直线外至多有 $n-2$ 个给定点. 因此,所有的正数 $d(l,A)$ 组成的集合 S 只有有限个元素,则 S 中必有最小数 d_0. 设直线 l_0 和点 A_0 适合 $d(l_0,A_0)=d_0$. 下面证明 l_0 上恰有两个给定点.

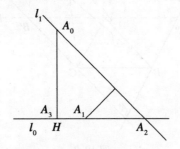

图 10.4

用反证法. 设有 3 个给定点 A_1,A_2,A_3 在 l_0 上,点 A_0 至直线 l_0 的垂足为 H,点 A_1,A_2,A_3 至少有两点位于 l_0 上点 H 的同侧(包括与点 H 重合). 设 A_1,A_2 位于同侧,如图 10.4 所示,并设点 A_1 离点 H 比 A_2 离点 H 近. 过点 A_0,A_2 的直线记为 l_1,则 $d(l_1,A_1)<d(l_0,A_0)$,这与 d_0 为最小数相矛盾,这就说明了 l_0 上恰有两个给定点.

例 13(1988 年加拿大数学竞赛试题) 设 S 为平面上的一个有限点集(点数不小于 5),其中若干点涂

第10章 最小数原理及其应用

上红色,其余的点涂上蓝色.

设任何三个或三个以上的同色的点不共线.

求证:存在一个三角形,使得:

(1)它的三个顶点涂有相同的颜色;

(2)这个三角形至少有一条边上不包含另一种颜色的点.

证明 对于任意五点涂上红色或蓝色,则必有三点同色,于是三顶点同色,结论(1)成立.

现在考察顶点同色的三角形.若结论(2)不成立,即每个顶点同色三角形的每条边上都有一个异色的点,由于是有限点集,则顶点同色的三角形是一个有限集,必有一个面积最小的三角形,设为 $\triangle ABC$. 如果 $\triangle ABC$ 的每条边上都有一个异色的点,则此三点又组成一个顶点同色的三角形,它的面积小于 $\triangle ABC$ 的面积,与我们假设矛盾,于是结论(2)成立.

例14(第22届波兰数学竞赛试题) 求最大的整数 A,使对于由 1 到 100 的全部自然数的任一排列,其中都有 10 个位置相邻的数,其和大于或等于 A.

本题虽然是求最大整数 A,实际上也是一个存在性问题,即存在最大的整数 A,使 10 个相邻数的和不小于 A.

解 设 $T=(a_1,a_2,\cdots,a_{100})$ 是从 1 到 100 的自然数的一个排列.

考察相邻 10 项之和

$$\sum_{k=1}^{10} a_{n+k} \quad (n=1,2,\cdots,90)$$

这是一个有限集,在有限集中必有一个最大数,设为

极值与最值

$$A_r = \max_{1 \leq n \leq 90} \sum_{n=1}^{10} a_{n+k}$$

于是 T 中有某 10 个相邻项之和为 A_r，其余任何相邻 10 项之和都不大于 A_r.

由 A_r 的定义可得

$$A_r \geq a_1 + a_2 + \cdots + a_{10}$$
$$A_r \geq a_{11} + a_{12} + \cdots + a_{20}$$
$$\vdots$$
$$A_r \geq a_{91} + a_{92} + \cdots + a_{100}$$

相加得

$$10A_r \geq \sum_{i=1}^{100} a_i = 5\,050$$
$$A_r \geq 505 \tag{1}$$

由题意，我们是寻找对所有的排列 T 中最小的 A_r，即

$$A = \min A_r$$

下面我们可以找到一个排列 T'，使得对于排列 T'，其中 $A'_r \leq 505$.

事实上，可以这样排列 1 到 100

$$T' = (100, 1, 99, 2, 98, 3, 97, 4, \cdots, 51, 50)$$

即满足

$$a_{2n+1} = 100 - n \quad (0 \leq n \leq 49)$$
$$a_{2n} = n \quad (1 \leq n \leq 50)$$

此时有

$$a_{2k} + a_{2k+1} + \cdots + a_{2k+9}$$
$$= (a_{2k} + a_{2k+2} + a_{2k+4} + a_{2k+6} + a_{2k+8}) +$$
$$(a_{2k+1} + a_{2k+3} + a_{2k+5} + a_{2k+7} + a_{2k+9})$$
$$= (k + k + 1 + k + 2 + k + 3 + k + 4) + [100 - k +$$

第10章 最小数原理及其应用

$$100-(k+1)+100-(k+2)+100-(k+3)+100-(k+4)]$$
$$=500$$

$$a_{2k+1}+a_{2k+2}+\cdots+a_{2k+10}$$
$$=(a_{2k}+a_{2k+1})+(a_{2k+2}+a_{2k+3})+\cdots+$$
$$(a_{2k+8}+a_{2k+9})+a_{2k+10}-a_{2k}$$
$$=500+k+5-k$$
$$=505$$

于是
$$A'_r \leqslant 505 \qquad (2)$$

由式(1)和(2)得 $A=505$.

例15 有 n 个男生,m 个女生($n,m \geqslant 2$),每个男生至少与一女生彼此相识,每个女生不全认识 n 个男生. 证明:他们当中必有两个男生与两个女生,其中每个男生恰好认识其中一女生,其中每个女生恰好认识其中一男生.

证明 由于男生集合和女生集合都是有限集合,因此必有一个女生认识的男生最多.

设 a_1 是认识男生最多的女生.

由题设,每个女生不全认识 n 个男生,则 a_1 至少与一个男生不相识,设 a_1 与男生 b_1 不相识.

又由题设,每个男生至少与一个女生彼此相识,设 b_1 认识女生 a_2.

由于女生 a_2 认识的男生不如 a_1 认识的男生多,所以必有一男生 b_2,使得 a_1 与 b_2 相识且 a_2 与 b_2 不相识.

于是,对于 a_1,a_2,b_1,b_2,女生 a_1 仅认识男生 b_2,a_2 仅认识男生 b_1.

极值与最值

例 16 在 100×100 的正方形方格表中的每小格中写一个整数,使任何两个相邻格中的数之差不大于 20. 求证:至少有 3 个小格中所写的数相同.

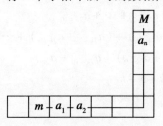

图 10.5

证明 依题设,方格表中总共写了 10 000 个数,设这 10 000 个数中最大的为 M,最小的为 m. 如图 10.5所示,从 m 所在方格到 M 所在方格画一折线,由于是 100×100 的表,这条折线至多通过 199 个方格. 设这些方格中的数依次是

$$a_0 = m, a_1, a_2, \cdots, a_n, M = a_{n+1} \quad (n \leqslant 197)$$

由题设,有

$$a_1 - m \leqslant 20, a_2 - a_1 \leqslant 20, \cdots, M - a_n \leqslant 20$$

把这些同向不等式相加,得

$$M - m = (a_1 - m) + (a_2 - a_1) + \cdots + (M - a_n)$$
$$\leqslant 20 \times (n+1)$$
$$\leqslant 20 \times 198 = 3\ 960$$

所以,表中最多填了 3 961 个不同整数. 于是由抽屉原则,表中至少有

$$\left[\frac{10\ 000}{3\ 961}\right] + 1 = 3$$

个相同的数.

例 17 一次 10 名选手参加的循环赛中无平局,胜者得 1 分,负者得 0 分. 证明:各选手得分的平方和

不超过285.

证明 由于得分的情况仅有有限多种,其中必有一种的平方和取最大值. 这时各选手的得分 $p_1, p_2, \cdots, p_{10}$ 必互不相同,因为若 $p_i = p_j$,则改变选手 i 与 j 之间的胜负,即用 $P_i - 1, P_j + 1$ 来代替 P_i, P_j 时,由于
$$(p_i - 1)^2 + (p_j + 1)^2 - (p_i^2 + p_j^2) = 2 > 0$$
而平方和中其他项不变,故平方和严格增大. 这与平方和已取得最大值矛盾.

于是,在 $P_i = i - 1 (i = 1, 2, \cdots, 10)$ 时,$\sum P_i^2$ 最大,这时的值为
$$\sum_{i=0}^{9} i^2 = 285$$
所以各选手得分的平方和不超过285.

例18 某地区网球俱乐部有20名成员,举行14场单打比赛,每人至少上场一次. 求证:必有6场比赛,其12个参赛者各不相同.

证明 以无序对 $\{a_j, b_j\}$ 表示参加第 j 场的比赛选手,并记
$$S = \{\{a_j, b_j\} \mid j = 1, 2, \cdots, 14\}$$
设 M 为 S 的一个非空子集,且 M 中所含选手对中出现的所有选手互不相同,显然这样的子集存在有限多个. 设这种子集中元素个数最多的一个为 M_0,$|M_0| = r$. 显然,只需证明 $r \geq 6$.

假设 $r \leq 5$. 由于 M_0 是 S 的选手互异的集合中元素最多的集合,故 M_0 中未出现过的 $20 - 2r$ 名选手之间互相没有比赛,否则与 M_0 的定义矛盾. 这意味着这 $20 - 2r$ 名选手所参加的比赛一定是同 M_0 中 $2r$ 名选手进行的. 由于已知每名选手至少参加一场比赛,故除了

极值与最值

M_0 中的 r 场比赛之外,至少还要进行 $20-2r$ 场比赛. 即总的比赛场数至少为

$$r+(20-2r)=20-r\geq 15$$

这与比赛总场次为 14 矛盾. 这就证明了 $r\geq 6$.

例 19 平面上给定 $2n$ 个点,其中任意三点不共线,并且 n 个点染成了红色,n 个点染成了蓝色. 证明:总可以找到两两没有公共点的 n 条直线段,使得其中每条线段的两个端点具有不同的颜色.

证明 因为将红、蓝点一一配对的方法只有有限种,故每一种配对方法所得 n 条线段的长度和也只有有限种,其中必有最小者,此时的配对方法即为所求. 若不然,不妨设 AC 与 BD 相交,A,B 是红点,C,D 是蓝点,把 AC,BD 去掉,换成 AD,BC,其他线段不变,由三角形两边之和大于第三边得

$$AD+BC<AC+BD$$

这说明还有长度和更小的配对. 矛盾.

例 20(1986 年全国数学奥林匹克集训班选拔考试题) 以任意方式将圆周上 $4k$ 个点,标上 $1,2,\cdots,4k$. 证明:(1)可以用 $2k$ 条两两不相交的弦联结这 $4k$ 个点,使得每条弦两端的标数之差不超过 $3k-1$;(2)对任意自然数 k,(1)中的 $3k-1$ 不能再减少.

先证引理:设 A 为平面上 $2n$ 个点构成的集合,其中任意三点不共线. 现将 n 点涂红色,n 点涂蓝色,则一定存在两两不共点的 n 条直线段,其中每条线段的两端点总均为 A 中异色的点.

证明 因为总共只有有限个点,故将红点与蓝点一一配对的方法也只有有限个. 对每个配对的方式 P,我们来考虑所得到的两两不共点的 n 条线段的长度和

$S(P)$,其中必然有某个 $S(P)$ 最小.假设在 P 中有线段 RB 与 $R'B'$ 相交(此处 R,R' 表示红点,B,B' 表示蓝点),则将此二线段用 RB' 与 $R'B$ 代替,由三角形任意两边之和大于第三边,可知它们对应的配对方法 P' 的线段长度和 $S(P')$ 必小于 $S(P)$,这与 $S(P)$ 为最小矛盾.故 P 中的 n 条线段各两两不相交.

现证本题:

(1)取 $A = \{1,2,\cdots,k\} \cup \{3k+1, 3k+2, \cdots, 4k\}$,$B = \{k+1, k+2, \cdots, 3k\}$,显然 A 中任一点与 B 中任一点标号之差不超过 $3k-1$,且由引理,可将 A,B 中的点一对一地联结,使所得到的 $2k$ 条弦两两不相交.

(2)即要证有一种标数方式,若用 $2k$ 条互不相交的弦将它们两两联结起来,则不论怎样联结,其中必有一条弦的两端所标的数之差不小于 $3k-1$. 如图 10.6 所示,按顺时针方向将 A 中 $2k$ 个点交错地标在上半圆,B 中的 $2k$ 个点标在下半圆. 如果上半圆有某两点 i 与 j 相连,则弦 ij 上方的弓形弧上的点必两两相连,最后必有一条弦,联结这弧上两个相邻点,其标数之差不小于 $3k-1$.

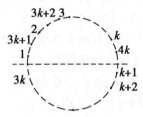

图 10.6

如果上半圆的每个点都和下半圆的一个点相连,由于两个半圆各有 $2k$ 个点,故下半圆每点也必与上半圆的一点相连. 这时,1 只能与 $3k$ 相连,否则,如 1 与下半圆的另一点相连,而 $3k$ 又要和上半圆的另一个点相连,则这两条弦必相交,矛盾. 而对于联结 1 和 $3k$ 的弦,其两端标数之差为 $3k-1$.

10.4 最小数原理的又一个应用

最小数原理应用的又一个著名例子是"无穷递降法". 即费马在研究著名猜想(称为费马大定理):"方程 $x^n+y^n=z^n$ 在 $n>2$ 时无非零的整数解"时,用无穷递降法成功地证明了 $n=4$ 时成立(这在一般的数论书中可找到,在此不再赘述). 这种方法在证明不定方程无整数解时,有着十分重要的作用,其主要步骤是: 假设方程有正整数解,由最小数原理知,解中必存在最小正整数,于是可以推出方程中还存在更小的正整数解,推出矛盾.

例1 求证:方程 $x^3-4y^3-8z^3=0$ 只有唯一的一组整数解 $x=y=z=0$.

证明 因为 $\{x,y,z\}$ 若是方程的解,则 $\{-x,-y,-z\}$ 也是方程的解. 我们不妨只考虑 x,y,z 为非负整数解的情形. 设 F 为方程的整数解中正的 x 值的集合. 假定 F 非空,即至少有一正整数 x_1 存在,使
$$x_1^3-4y_1^3-8z_1^3=0$$
且 $x_1 \leqslant x$,对一切 $x \in F$ 成立,即
$$x_1^3=4y_1^3+8z_1^3$$
其中 y_1,z_1 为正整数,由此可知 x_1 是偶数,设 $x_1=2x_2$,则
$$8x_2^3=4y_1^3+8z_1^3$$

第 10 章　最小数原理及其应用

所以
$$y_1^3 = 2x_2^3 - 2z_1^3$$
所以 y_1 也是偶数,设 $y_1 = 2y_2$,则
$$z_1^3 = 2x_2^3 - 8y_2^3$$
所以 z_1 也是偶数,设 $z_1 = 2z_2$,则
$$(2x_2)^3 - 4(2y_2)^3 - 8(2z_2)^3 = 0$$
即
$$x_2^3 - 4y_2^3 - 8z_2^3 = 0$$

所以 $\{x_2, y_2, z_2\}$ 也是原方程的一组整数解,且 $x_2 < x_1$. 这与 x_1 是 F 的最小数矛盾. 所以 F 是空集,这时方程有且仅有一组解 $x = y = z = 0$.

例2　求证:方程 $x^2 + y^2 + z^2 = 2xyz$ 没有正整数解.

证明　假设 (x_0, y_0, z_0) 是方程的一组正整数解,则 x_0, y_0, z_0 不能都是奇数(否则左边和之为奇数,而方程右边为偶数,矛盾);也不能是二偶一奇;也不能是二奇一偶(否则左边被 4 除余 2,而右边是 4 的倍数).

故 (x_0, y_0, z_0) 全是偶数,即 $\dfrac{x_0}{2}, \dfrac{y_0}{2}, \dfrac{z_0}{2}$ 均为整数. 令
$$x_0 = 2x_1, y_0 = 2y_1, z_0 = 2z_1$$
代入原方程得
$$x_1^2 + y_1^2 + z_1^2 = 4x_1 y_1 z_1$$

按上述推理,同样可得 x_1, y_1, z_1 也均为偶数,$\dfrac{x_1}{2}, \dfrac{y_1}{2}, \dfrac{z_1}{2}$ 全为整数. 即 $\dfrac{x_0}{4}, \dfrac{y_0}{4}, \dfrac{z_0}{4}$ 均为正整数,继续下去知,$\dfrac{x_0}{8}, \dfrac{y_0}{8}, \dfrac{z_0}{8}$ 也均为正整数,……,$\dfrac{x_0}{2^n}, \dfrac{y_0}{2^n}, \dfrac{z_0}{2^n}$ 也均为正整数. 而对已知的正整数 x_0, y_0, z_0 这是不可能的,否则就没有最小正整数了. 所以原方程无正整数解.

极值与最值

例3 求证:方程 $x^3 + y^3 = 3^z$ 有无穷多组整数解.

证明 由 $1^3 + 2^3 = 3^2$ 知方程至少有解 $x=1, y=2, z=2$. 若方程只有有限组正整数解,由最大数原理知,其中必有最大的 z,使 $x^3 + y^3 = 3^z$. 两边乘以 3^3,得 $(3x)^3 + (3y)^3 = 3^{z+3}$. 这说明 $3x, 3y, z+3$ 也是方程的整数解,且 $z+3 > z$,这与 z 是"最大的"矛盾.

故原方程有无穷多组整数解.

例4 证明:方程

$$6(x^2 + y^2) = z^2 + t^2 \qquad (1)$$

没有自然数解.

证明 若方程有整数解,则式(1)左边能被 3 整除. 从右边也必须能被 3 整除,易证此时 z, t 都能被 3 整除. 设 $z = 3z_1, t = 3t_1$,这时 $z > z_1, t > t_1$,所以 $z^2 + t^2 > z_1^2 + t_1^2$,将其代入式(1),得

$$6(x^2 + y^2) = 9(z_1^2 + t_1^2)$$

此式右边能被 9 整除,因而 $x^2 + y^2$ 也能被 3 整除,令 $x = 3x_1, y = 3y_1$ 代入上式得

$$6(9x_1^2 + 9y_1^2) = 9(z_1^2 + t_1^2)$$

即

$$6(x_1^2 + y_1^2) = z_1^2 + t_1^2$$

此式与式(1)完全相同,如此继续进行下去,便得无穷自然数序列 $t > t_1 > t_2 > \cdots > 0$,这就导出矛盾.

所以,原方程没有自然数解.

下例的解法与无穷递降法有某些类似之处.

例5 在某个星系的每一个星球上,都有一位天文学家在观测最近的星球. 若每两个星球间的距离都不相等,证明:当星球个数为奇数时,一定有一个星球任何人都看不到.

第10章 最小数原理及其应用

证明 设有 n 个行星(同时也表示 n 个天文学家)$A_1, A_2, \cdots, A_n$(n 为奇数). 这些行星两两的距离所成的集合是有限集,故必有最小值,不妨设 $A_1 A_2$ 最小.

除 A_1, A_2 外还有 $n-2$ 个行星和 $n-2$ 位天文学家. 假若他们当中至少有一位看见已选出的行星. 例如 A_3 看见 A_2,如果谁也看不见 A_3,则结论成立;否则还有一位天文学家如 A_4 可看见 A_3. 如果谁也看不见 A_4,结论同样成立;否则还有一位天文学家如 A_5 可看见 A_4. 仿此下去,由于上述过程中前面星球上的天文学家看不见后面的行星,而 n 是一个有限数,必然有最后一颗行星任何人都看不到.

如果其他天文学家都看不到 A_1, A_2,则再从 $n-2$ 颗行星中选择最近的. 以此类推,因为 n 是奇数,所以最后存在一颗行星,任何人都看不到它.

习 题

1. 求证:$\sum_{i=1}^{n} i(n^2 - i^2) = \dfrac{n^2}{4}(n^2 - 1)\ (n \in \mathbf{N})$.

2. 求证:$\sum_{i=1}^{n} \dfrac{1}{2^i - 1} > \dfrac{n}{2}\ (n \in \mathbf{N})$.

3. 设实数列 $R_1, R_2, \cdots$ 中,$R_1 = 1, R_{n+1} = 1 + \dfrac{n}{R_n}$,求证:$\sqrt{n} < R_n < \sqrt{n+1}$.

4. 设 a 是大于 1 的自然数,求证:a 的所有正因数中,至少有一个是素数.

5. 设正整数 m, n 满足 $n > m$,证明:存在 $\dfrac{m}{n}$ 的一种

极值与最值

不等的倒数分拆,即存在自然数 $n_1 < n_2 < \cdots < n_k$,使得
$$\frac{m}{n} = \frac{1}{n_1} + \frac{1}{n_2} + \cdots + \frac{1}{n_k}.$$

6. 证明:方程 $7(x^2 + y^2) = z^2 + t^2$ 没有自然数解.

7. 证明:在自然数范围内,方程 $x^2 + y^2 + z^2 + u^2 = 2xyzu$ 无解.

8. 求证:不存在 4 个自然数 x, y, z, t 满足方程 $8x^4 + 4y^4 + 2z^4 = t^4$.

9. 设 S 为整数的非空集,满足:

(1) 如果 x, y 在 S 中,那么差 $x - y$ 在 S 中;

(2) 如果 x 在 S 中,那么 x 的所有倍数在 S 中.

求证:在 S 中存在一个整数 d,使得 S 由 d 的所有倍数组成.

10. (1986 年中国 IMO 集训题) 已知两个无穷数列
$$a_1, a_2, a_3, \cdots, a_n, \cdots$$
$$b_1, b_2, b_3, \cdots, b_n, \cdots$$
它们的元素都是自然数,并且对于 $i \neq j$ 有 $a_i \neq a_j$, $b_i \neq b_j$. 求证:存在两个足标 k, l,且 $k < l$,满足 $a_k < a_l$, $b_k < b_l$.

11. (第 1 届全俄数学竞赛题) 设有三个由自然数组成的无穷数列
$$a_1, a_2, \cdots, a_n, \cdots$$
$$b_1, b_2, \cdots, b_n, \cdots$$
$$c_1, c_2, \cdots, c_n, \cdots$$
求证:一定存在一对整数 p 与 q 使得 $a_p \geq a_q$, $b_p \geq b_q$, $c_p \geq c_q$.

12. (第 1 届中国 IMO 教练员培训班题) 试证:对

第 10 章 最小数原理及其应用

于任何自然数 n,都存在相继的 n 个自然数,使得它们中间有且仅有一个素数.

13. (第 17 届 IMO 试题)设 $a_1, a_2, a_3, \cdots, a_n, \cdots$ 是任意一个具有性质 $a_k < a_{k+1}(k \geqslant 1)$ 的正整数的无穷序列. 求证:这个数列中有无穷多个 a_m 可以表示为 $a_m = xa_p + ya_q$,其中 x, y 是适当的正整数,且 $p \neq q$.

14. 令 n 为大于 5 的整数,n 个共面的点中,每两个的距离均不相等. 将每一点与和它距离最近的点用线段相连. 证明:没有一个点与多于 5 个点相连.

15. 求证:不存在整数 x 和 y,使 $x^2 + y^2 = 1\,987^k$,其中 $k \in \mathbf{N}, x, y$ 是 1 987 的倍数.

16. 由凸多边形内任一点 O 向多边形的各边引垂线,求证:至少有一个垂足落在多边形的边上.

17. 某校学生集会,其中有些人原来就是朋友. 现知某两位学生在与会者中拥有数量相同的朋友时,那么他们就没有共同的朋友. 求证:如果存在一个学生,他在与会者中的朋友恰好为 89 个,则一定还可以找到一个学生,他在与会者中恰好有 49 个朋友.

18. 在 $n \times n$ 的正方形国际象棋盘上,放置棋子遵循下列条件:如果某个小格是空的,则放在过这的水平线与竖直线上的棋子总数不少于 n. 求证:棋盘上放的棋子总数不少于 $\dfrac{n^2}{2}$.

19. 在凸五边形 $ABCDE$ 的边和对角线中,没有互相平行的线段. 延长边 AB 和对角线 CE,使之相交于某个点,然后在边 AB 上标上一个箭头,使之指向交点的方向. 依此办法把五条边都标上箭头. 求证:必有两个箭头指向五边形的同一个顶点.

20. 在平面上给出了 1 000 个某边平行于坐标轴的正方形. 设 M 是这些正方形中心的集合. 证明: 能标出部分正方形, 使得集合 M 的每个点落到不少于一个且不多于四个标出的正方形内.

21. 试证: 对于任何自然数 n, 都存在相继的 n 个自然数, 使得它们中间有且仅有一个素数.

22. 有 20 个队参加全国足球冠军决赛, 为了能在任何三个已经比赛过的队中都有两个队已经比赛过, 至少要进行多少场比赛?

23. 晚会上 n(不小于 2) 对男女青年双双起舞. 设任何一个男青年都未与全部女青年跳过舞, 而每个女青年都至少与一个男青年跳过. 求证: 必有两男 b_1, b_2 及两女 g_1, g_2, 使得 b_1 与 g_1, b_2 与 g_2 跳过而 b_1 与 g_2, b_2 与 g_1 未跳过.

24. 在第一行依次写下 19 个不大于 88 的自然数, 而在第二行依次写下 88 个不大于 19 的自然数. 将同一行中的一个或连续若干个数称为"一节数". 求证: 从给定的两行数中, 可各选出一节数, 使得其中一节数的和等于另一节数的和.

25. 证明: 第二数学归纳法, 设 $P(n)$ 是依赖于自然数 n 的命题, 如果 $P(1)$ 成立, 且由 $k < n(n \neq 1)$ 时 $P(k)$ 成立可以推得 $P(k+1)$ 成立, 则对任何自然数 n, 命题 $P(n)$ 成立.

26. 用 N 表示平面上两个坐标都是正整数的点的一个无穷集合(指第一象限全部格点的一个无穷子集). 试证: 集合 N 中一定存在两点 (α, β) 和 (γ, δ), 使得 $\alpha \leq \gamma, \beta \leq \delta$.

27. 设 x_i 是实数, $a_i, b_i (i = 1, 2, \cdots, n)$ 均为正整

数,令 $a = \dfrac{\sum_{i=1}^{n} a_i x_i}{\sum_{i=1}^{n} a_i}, b = \dfrac{\sum_{i=1}^{n} b_i x_i}{\sum_{i=1}^{n} b_i}$,求证:在 x_i 中,必存在 x_k, x_j 使不等式 $|a-b| \leqslant |a-x_1| \leqslant |x_k - x_j|$ 成立.

28. (第 28 届 IMO 试题)设 $n > 2$,已知 $k^2 + k + n$ 对满足 $0 \leqslant k \leqslant \sqrt{\dfrac{n}{3}}$ 的所有整数 $k, k^2 + k + n$ 都是质数.

29. (第 29 届 IMO 试题)正整数 a 与 b 使得 $ab + 1$ 整除 $a^2 + b^2$,求证: $\dfrac{a^2 + b^2}{ab + 1}$ 是某个正整数的平方.

30. (匈牙利数学竞赛题)设 P 为正 n 边形的一个内点,证明:该 n 边形存在两个顶点 A 和 B,使得
$$(1 - \dfrac{\pi}{n})\pi \leqslant \angle APB < \pi$$

31. 平面上放了有限多个圆,假设它们所盖住的面积为 1(它们可能是彼此相交的).证明:一定可以从这组圆中去掉若干个圆,使得剩下的圆互不相交,而且它们所盖住的面积不小于 $\dfrac{1}{9}$.

32. 给定 $mn + 1$ 个正整数
$$0 < a_1 < a_2 < \cdots < a_{mn+1}$$
证明:存在 $m + 1$ 个数使它们中没有一个数能被另一数整除,或者存在 $n + 1$ 个数,使得依大小排成序列,除最前面的一个数之外,每个数都能被它前面的数整除.
(提示:考虑从 a_1 开始的最大整除链)

33. (第 2 届全国数学冬令营试题)某次体育比赛,每两名选手都进行一场比赛,每场比赛一定决出胜负,通过比赛确定优秀选手.选手 A 被确定为优秀选

极值与最值

手的条件是:对任何其他选手 B,或者 A 胜 B,或者存在选手 C,C 胜 B,A 胜 C.

如果按上述规则确定优秀选手只有一名,求证:这名选手胜所有其他的选手.

极端原理及其应用

极端原理也叫作最优化原理,它是解数学题(特别是解一些难度较大的竞赛题)中的一种十分重要的方法,也是组合数学中常用的技巧之一,应当引起我们的重视.

11.1 什么是极端原理

首先,我们来看两个例子:

例1(1978年成都市中学数学竞赛题) 用百分制记分,得分为整数.证明:

(1)若201人的总分为9 999,则至少有3人的分数相同;

(2)若201人的总分为10 101,则至多有3人的分数相同;

(3)若201人的总分为10 000,且已知无3人的分数相同,则必有1人100分,2人0分;

(4)若201人的总分为101 000,且已知无3人的分数相同,则必有1人0分,2人100分.

极值与最值

分析 我们从 201 人总分最少与最多两种极端情形考虑,不难得到问题的解法.

解 (1)若无 3 人分数相同,则 201 人的总分至少是得 $0,1,2,\cdots,99$ 分的各 2 人,得 100 分的 1 人,总分为

$$2\times(0+1+2+\cdots+99)+100=10\ 000$$

因此,若总分为 9 999,则至少有 3 人的分数相同.

(2)若无 3 人分数相同,则 201 人的总分至多是得 $100,99,\cdots,3,2,1$ 分者各 2 人,得 0 分者 1 人,总分为

$$2\times(100+99+\cdots+2+1)+0=10\ 100$$

因此,若总分为 10 101,则最多有 3 人的分数相同.

而在(1)中的最小值和(2)中的最大值仅在上述各唯一情形取得,故可得(3)和(4)的结论.

例 2 已知直线 l 外一定点 O,任意引两条互相垂直的直线交 l 于 A,B,$\angle AOB$ 的平分线与其外角的平分线交直线 l 于 C,D,求证:$\dfrac{1}{AB^2}+\dfrac{1}{CD^2}$ 为定值.

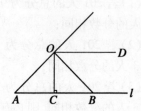

图 11.1

证明 首先,考察"极端"情形,如图 11.1 所示,$AO=BO$ 且 $AO\perp BO$. $\angle AOB$ 的平分线交 l 于 C,则其

外角平分线 $OD /\!/ l$，OD 与 l 相交于无穷远点. 于是 $\dfrac{1}{CD^2}=0$，此时 $AB=2OC=2h$，所以 $\dfrac{1}{AB^2}+\dfrac{1}{CD^2}$ 可能恒等于 $\dfrac{1}{4h^2}$．

下面给出一般情形的证明：

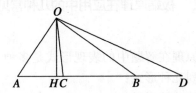

图 11.2

如图 11.2 所示，作 $OH \perp l$ 于 H，令 $OH=h$（定值），$\angle OAB=\alpha$，$\angle OCD=\beta$．在 $\mathrm{Rt}\triangle AOB$ 和 $\mathrm{Rt}\triangle AOH$ 中，有

$$AO = AB\cos\alpha$$

$$h = AO\cdot\sin\alpha = AB\cdot\sin\alpha\cdot\cos\alpha = \frac{1}{2}AB\cdot\sin 2\alpha$$

得 $\dfrac{1}{AB}=\dfrac{\sin 2\alpha}{2h}$．同理在 $\mathrm{Rt}\triangle OCD$ 和 $\mathrm{Rt}\triangle COH$ 中，有 $\dfrac{1}{CD}=\dfrac{\sin 2\beta}{2h}$，所以

$$\frac{1}{AB^2}+\frac{1}{CD^2}=\frac{\sin^2 2\alpha+\sin^2 2\beta}{4h^2}$$

因为 $\beta=\dfrac{\pi}{4}+\alpha$，所以

$$\sin^2 2\alpha+\sin^2 2\beta=\sin^2 2\alpha+\sin^2(90°+2\alpha)=1$$

所以 $\dfrac{1}{AB^2}+\dfrac{1}{CD^2}=\dfrac{1}{4h^2}$（定值）

由以上两例可以看出，当我们研究一个数学问题

极值与最值

(特别是那些问题中所出现的各个元素的地位是不平等的)时,往往先退到问题的特殊情形或从问题的极端情形来考虑,从而获得解决问题的思维方法就是极端原理.

11.2 极端原理在应用中的几种常见类型

极端原理在解题中的表现形式是多种多样的,常见的有下列几种形式:

1. 从特殊情形做起

当一个问题不易直接解决时,我们可以首先考虑它的某个特殊情形,来寻求解决问题的突破口.

例1 设数列 $\{a_n\}$ 中的 $a_1 = 1, a_2 = -1, a_n = -a_{n-1} - 2a_{n-2} (n \in \mathbf{N}, 且 n \geq 3)$,求证:$2^{n+1} - 7a_{n-1}^2$ 是一个完全平方数.

分析 待证结论是一般情形,先退到特殊情形来考虑,由 $a_1 = 1, a_2 = -1, a_n = -a_n - 2a_{n-2}$ 求出数列的前 n 项

$$a_3 = -a_2 - 2a_1 = 1 - 2 \times 1 = -1$$
$$a_4 = -a_3 - 2a_2 = 1 - 2 \times (-1) = 3$$
$$a_5 = -a_4 - 2a_3 = -3 - 2 \times (-1) = -1$$

再考虑结论 $2^{n+1} - 7a_{n-1}^2$ 的几个特殊情形:

当 $n = 2$ 时,$2^3 - 7a_1^2 = 1 = [2 \times (-1) + 1]^2 = (2a_2 + 1)^2$;

当 $n = 3$ 时,$2^4 - 7a_2^2 = 9 = [2 \times (-1) + (-1)]^2 = (2a_3 + a_2)^2$;

当 $n = 4$ 时,$2^5 - 7a_3^2 = 25 = [2 \times 3 + (-1)]^2 =$

$(2a_4 + a_3)^2$;

当 $n = 5$ 时,$2^6 - 7a_4^2 = 1 = [2 \times (-1) + 3]^2 = (2a_5 + a_4)^2$.

由此猜测结论

$$2^{n+1} - 7a_{n-1}^2 = (2a_n + a_{n-1})^2$$

证明 (数学归纳法)当 $n = 2$ 时,命题成立;假设 $n = k$ 时,命题成立,即

$$2^{k+1} - 7a_{k-1}^2 = (2a_k + a_{k-1})^2$$

则当 $n = k+1$ 时,有

$$2^{(k+1)+1} - 7a_{(k+1)-1}^2$$
$$= 2 \times 2^{k+1} - 7a_k^2$$
$$= 2(2a_k + a_{k-1})^2 + 14a_{k-1}^2 - 7a_k^2$$
$$= a_k^2 + 16a_{k-1}^2 + 8a_k a_{k-1}$$
$$= (-a_k - 4a_{k-1})^2$$
$$= (-2a_k - 4a_{k-1} + a_k)^2$$
$$= (2a_{k+1} + a_k)^2$$

故对 $n \geq 2$ 时,$2^{n+1} - 7a_{n-1}^2$ 是完全平方数.

2. 从问题数量上的极大或极小值来考虑

例2 平面上有100个点,任意两点之间的距离都不超过1,任意三点构成钝角三角形. 证明:可以用一个直径为1的圆把这100个点全部盖住.

证明 100个点两两连线,共可得不超过 C_{100}^2 个距离,取距离最大的两点,记为 A_1, A_2. 以 $A_1A_2 < 1$ 为直径作圆,即符合要求. 下面证明任一点 $A_i (3 \leq A \leq 100)$ 都在圆内. 事实上,$\triangle A_1 A_i A_2$ 为钝角三角形,A_1A_2 为最大边,故 $\angle A_1 A_i A_2$ 为钝角,从而 A_i 位于以 A_1A_2 为直径的圆内.

例3 已知 $x_1, x_2, \cdots, x_n$ 是实数,$a_1, a_2, \cdots, a_n; b_1,$

极值与最值

$b_2, \cdots, b_n$ 都是正实数,令

$$a = \frac{\sum\limits_{i=1}^{n} a_i x_i}{\sum\limits_{i=1}^{n} a_i}, b = \frac{\sum\limits_{i=1}^{n} b_i x_i}{\sum\limits_{i=1}^{n} b_i}$$

求证:在 $x_1, x_2, \cdots, x_n$ 中必存在两数 x_i, x_j,使得下列不等式成立

$$|a-b| \leqslant |a-x_j| \leqslant |x_j - x_i|$$

证明

$$|a-b| = \left| a - \frac{\sum\limits_{i=1}^{n} b_i x_i}{\sum\limits_{i=1}^{n} b_i} \right|$$

$$= \left| \frac{(a-x_1)b_1 + (a-x_2)b_2 + \cdots + (a-x_n)b_n}{b_1 + b_2 + b_3 + \cdots + b_n} \right|$$

$$\leqslant \frac{|a-x_1|b_1 + |a-x_2|b_2 + \cdots + |a-x_n|b_n}{b_1 + b_2 + \cdots + b_n}$$

在 $|a-x_1|, |a-x_2|, \cdots, |a-x_n|$ 中必有最大者,设最大者为 $|a-x_i|$,则

$$|a-b| \leqslant \frac{(b_1 + b_2 + \cdots + b_n)(a-x_i)}{b_1 + b_2 + \cdots + b_n} = |a-x_i|$$

(1)

再者

$$|a-x_i| = \left| \frac{a_1 x_1 + a_2 x_2 + \cdots + a_n x_n}{a_1 + a_2 + \cdots + a_n} - x_i \right|$$

$$\leqslant \frac{|a_1(x_1 - x_i) + a_2(x_2 - x_i) + \cdots + a_n(x_n - x_i)|}{a_1 + a_2 + \cdots + a_n}$$

设 $|x_1 - x_i|, |x_2 - x_i|, \cdots, |x_n - x_i|$ 中最大者为 $|x_j - x_i|$,

则
$$|a - x_i| \leq \frac{(a_1 + a_2 + \cdots + a_n)|x_j - x_i|}{a_1 + a_2 + \cdots + a_n} = |x_j - x_i|$$
(2)

由式(1)和(2)知,命题成立.

3. 从几何图形的极限位置来考虑

例4 如图 11.3 所示,两条异面直线 AB, CD 间的距离为 d,在 AB 上截取动直线段 $MN = a$,在 CD 上截取动直线段 $PQ = b$,求证:四面体 $MNPQ$ 的体积为定值.

证明 选取特殊位置来考虑:当 $CD \perp AB$ 时,设过 AB 而垂直于 CD 的平面为 α,垂足为 Q,令 Q 到 AB 的距离为 d,取

$$V_{PMNQ} = \frac{1}{3} S_{\triangle QMN} \cdot PQ$$

$$= \frac{1}{3} \cdot \frac{1}{2} \cdot MN \cdot d \cdot PQ$$

$$= \frac{1}{6} abd$$

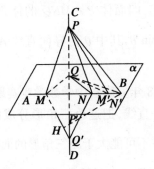

图 11.3

当 PQ 在 CD 上移动到 $P'Q'$ 的位置时

极值与最值

$$V_{Q'-P'MN} = V_{Q'-MNQ} - V_{P'-MNQ}$$

$$= \frac{1}{3}S_{\triangle MNQ} \cdot Q'Q$$

$$= \frac{1}{3}S_{\triangle MNQ} \cdot P'Q$$

$$= \frac{1}{3}S_{\triangle MNQ}(Q'Q - P'Q)$$

$$= \frac{1}{3}S_{\triangle MNQ} \cdot P'Q'$$

$$= \frac{1}{6}abd$$

当 AB 不与 CD 垂直时,令其所成的角为 θ,可将 PQ 投影到过点 Q 且垂直于平面 α 的直线 $C'D'$ 上. 显然投影线段长为 $b\sin\theta$, PQ 在 CD 上运动对应着投影线段在 $C'D'$ 上运动. 因此,根据前面的推理,将总有

$$V_{P'-M'N'Q'} = \frac{1}{6}abd\sin\theta$$

因为 $\sin\theta = 90°$,所以,这个式子对于 $\theta = 90°$ 时的情况也是成立的.

综上所述,四面体 $P-MNQ$ 的体积为定值,这个定值是 $\frac{1}{6}abd\sin\theta$,其中 θ 为异面直线 AB 和 CD 所成的角.

例5(1978年安徽省中学数学竞赛题) 过 $\triangle ABC$ 的重心作任一直线,把这个三角形分成两部分. 证明: 这两部分之差不可能大于原三角形的面积的 $\frac{1}{9}$.

证明 如图 11.4 所示,设 DE 通过重心 O,且 $DE \parallel BC$,于是有

$$\frac{S_{\triangle DEA}}{S_{\triangle ABC}} = \left(\frac{2}{3}\right)^2 = \frac{4}{9}$$

所以

$$S_{\triangle DEA} = \frac{4}{9} S_{\triangle ABC}$$

$$S_{DECB} - S_{\triangle DEA} = S_{\triangle ABC} - 2S_{\triangle DEA} = \frac{1}{9} S_{\triangle ABC} \quad (3)$$

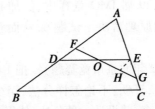

图 11.4

一般地,设 FG 为任意一条经过重心 O 且不平行于 BC 的直线,交 AB, AC 于 F, G,余下只需证明

$$S_{BFGC} - S_{\triangle AFG} < S_{DECB} - S_{\triangle ADE} \quad (4)$$

即 $S_{\triangle EGO} > S_{\triangle DFO}$

事实上,过 E 作 $EH \parallel DF$,交 GF 于 H,$EO = DO$,所以

$$\triangle DFO \cong \triangle EHO$$

从而

$$S_{\triangle EGO} = S_{\triangle EOH} + S_{\triangle EHG} > S_{\triangle EOH} = S_{\triangle DFO}$$

所以式(2)成立.

综合式(1)和(2)可知,两部分面积之差小于或等于 $\frac{1}{9} S_{\triangle ABC}$.

11.3 极端原理在解题中的应用

极端原理是解决存在性问题的一种十分有用的方法.巧妙地利用它,常常能收到出奇制胜的效果.例如,1988年第29届IMO竞赛中,保加利亚选手因巧妙地使用极端原理解决了试题6,从而获得了本届大赛的特别奖.

例1(1962年北京市竞赛题) 把1 600颗花生分给100只猴子,证明:不论怎样分法,至少有4只猴子得到花生一样多,并设计一种分法,使得没有5只猴子得到一样多的花生.

分析 1 600颗花生分给100只猴子的分法太多了,不可能一一去验证每种分法,有4只猴子得到一样多,这促使我们去考虑其反面.

证明 假设有一种分法,使得没有4只猴子得到一样多的花生,先看看这种分法所需花生的最少情况:

3只猴子得0颗花生,3只猴子得1颗花生,3只猴子得2颗花生,……,3只猴子得32颗花生,最后一只猴子得33颗花生,这就是说,给100只猴子分花生,如果没有4只猴子一样多,至少需要的花生数是

$$3\times(0+1+2+\cdots+32)+33=1\ 617(颗)$$

而现在只有1 600颗花生,所以不论如何分法,至少有4只猴子分得的花生一样多.

至于没有5只猴子得到一样多的花生的分法是很多的.例如,在前述分析中,最后一只猴子所得花生不是33颗,而是33-17=16颗就是一种分法.

第11章 极端原理及其应用

例2(1982年全苏第16届中学生数学竞赛题) 在 $n \times n$ 个方格组成的正方形表中,在 $n-1$ 个格子做了记号. 证明:通过交换两行或两列的位置的方法,总可以将所有做了记号的方格移到正方形表由左上角到右下角所作的一条对角线的下面.

证明 由于做记号的格子总共是 $n-1$ 格,所以 n 列中至少有一列没有画记号的格子,将这一列同最右边的一列交换. 再看各行,右边一格都是未做记号的,如果其中能找到一行,其中标了记号的格子不在题设的由左上角到右下角所作的对角线的下面,那么我们就将这一行和最下面的一行交换. 这样一来,最下面一行中标了记号的格子都在题中所说的对角线下面了(图11.5).

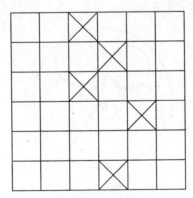

图11.5

同样考察左上方的 $(n-1) \times (n-1)$ 个方格,并进行同样的移列和移项步骤,其余类推,直至最后将所有标有记号的格子都移至题中所说的对角线下面为止.

例3(1964年匈牙利奥林匹克竞赛题) 晚会上 n (不小于2)对男女青年双双起舞,设每个男青年都未与全部女青年跳过,而每一个女青年至少与一男青年跳过,证明:必有两男 b_1,b_2 及两女 g_1,g_2,使得 b_1 与 g_1,b_2 与 g_2 跳过而 b_1 与 g_2,b_2 与 g_1 未跳过.

证明 设与男青年 b_1 跳过舞的女青年最多,因为 b_1 未与全部女青年跳过,故存在女青年 g_2 未与 b_1 跳过.因 g_2 至少与一个男青年跳过舞,故存在 b_2 与 g_2 跳舞,则与 b_1 跳过舞的女生中至少有一个未与 b_2 跳过,记为 g_1(否则,与 b_2 跳过舞的女青年至少比与 b_1 跳过舞的女青年多 1).这样,b_1,b_2,g_1,g_2 即为所求.

例 4 有限多个圆覆盖着面积为 S 的区域,证明:可以从中找出一组没有公共点的圆,它们所覆盖的区域的面积不小于 $\frac{1}{9}S$.

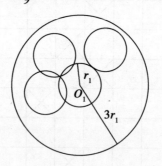

图 11.6

证明 如图 11.6 所示,从这些圆中取出一个最大的,设这个圆为圆 (O_1,r_1)(即圆心为 O_1,半径为 r_1),其面积 $S_1=\pi r_1^2$.将圆 (O_1,r_1) 及所有与圆 (O_1,r_1) 有公共点的圆全部去掉,由于这些圆的半径不大于 r_1,所以这些圆都在圆 $(O_1,3r_1)$ 内,因而覆盖着面积不大于 $9S_1$ 的区域 P_1.换句话说,S_1 大于或等于 P_1 的面积的

$\frac{1}{9}$. 对剩下的圆进行同样的处理,即再取出一个最大的圆为圆 O_2,将此圆及所有与它有公共点的圆全部去掉,这样继续下去. 不难看出圆 O_1、圆 O_2、……就是所求的圆.

例5(第16届美国普特南数学竞赛题) 空间 $2n$ ($n \geq 2$)个点,任四点不共面连 $n^2 + 1$ 条线段,证明:其中至少有三条线段组成一个三角形.

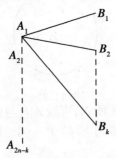

图 11.7

证明 如图 11.7 所示,设其中任意三条线段都不能组成三角形,并设从点 A_1 引出的线段最多,且这些线段为 $A_1B_1, A_1B_2, \cdots, A_1B_k$. 除 $A_1, B_1, B_2, \cdots, B_k$ 外,其他点设为 $A_2, A_3, \cdots, A_{2n-k}$. 显然 $B_1, B_2, \cdots, B_k$ 中任意两点间都无连线段,于是每一个 B_i 发出的线段至多有 $2n - k$ 条,而每个 A_j 发出的线段至多有 k 条($i = 1, 2, \cdots, k; j = 1, 2, \cdots, 2n - k$),故线段总条数最多为

$$\frac{1}{2}[k(2n-k) + (2n-k)k]$$
$$= k(2n-k)$$
$$\leq [\frac{k+(2n-k)}{2}]^2 = n^2$$

与已知条件相矛盾.

例6（1986年匈牙利奥林匹克竞赛题） 已知正多边形 $A_1A_2\cdots A_n$ 内接于圆 O，P 为圆内一点，证明：存在正多边形两顶点 A_i 和 A_j，使得 $\angle A_iPA_j \geq (1-\dfrac{1}{n})\pi$.

证明 设正多边形距 P 最近的距离的顶点是 A_i，现在以 A_i 为考察对象，分几种情形讨论：

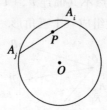

图 11.8

（1）如图 11.8 所示，直线 A_iP 与圆 O 相交的另一个交点恰是正多边形的另一个顶点 A_j，显然有 $\angle A_iPA_j = \pi$.

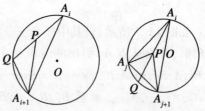

图 11.9　　　图 11.10

（2）如图 11.9 所示，正多边形中除了 A_i 以外的所有顶点都在直线 A_iP 的同侧. 如果记直线 A_iP 与圆 O 的另一交点为 Q，则 Q 位于 A_i 和它的一个相邻顶点之间，不妨设为 A_{i+1}，则因 $\angle A_iOA_{i+1} = \dfrac{2\pi}{n}$ 知 $\angle A_iQA_{i+1} = (1-\dfrac{1}{n})\pi$，而显然有 $\angle A_iPA_{i+1} > \angle A_iQA_{i+1}$，故

$\angle A_i P A_{i+1} > (1 - \frac{1}{n})\pi.$

此上两点都未用到 A_i 距 P 的最近性质. 再看一条:

(3)如图 11.10 所示,在直线 A_iP 的两侧都各有正多边形的一些顶点,此时点 Q 位于某两相邻顶点之间,不妨记作 A_j 和 A_{j+1}. 则由于 $PA_i \leqslant PA_j$ 及 $PA_i \leqslant PA_{j+1}$ 知 $\angle PA_iA_j \geqslant \angle PA_jA_i$, $\angle PA_iA_{j+1} \geqslant \angle PA_{j+1}A_i$, 从而有

$\angle PA_jA_i + \angle PA_{j+1}A_i \leqslant \angle A_jA_iA_{j+1} = \frac{1}{2}\angle A_jOA_{j+1} = \frac{\pi}{n}$

所以

$\angle A_iPA_j + \angle A_iPA_{j+1} \geqslant 2\pi - 2\angle A_jA_iA_{j+1} = (1 - \frac{1}{n})2\pi$

这表明

$\min\{\angle A_iPA_j, \angle A_iPA_{j+1}\} \geqslant (1 - \frac{1}{n})\pi$

综合(1),(2),(3),即知命题的结论成立

11.4 极端原理与我国高中数学竞赛题

在我国近几年来的高中数学竞赛中,几乎每一届都有可以用到或甚至必须用到极端原理来解的试题,这也足以说明它的重要性.

例1(1984 年全国高中数学联赛题) 已知 $x_1, x_2, \cdots, x_n$ 都是正数,试证

$$\frac{x_1^2}{x_2} + \frac{x_2^2}{x_3} + \cdots + \frac{x_n^2}{x_1} \geqslant x_1 + x_2 + \cdots x_n$$

极值与最值

此例证法较多,这里利用数学归纳法来证明.

当 $n=1$ 时,因为 $\dfrac{x_1^2}{x_1}=x_1$,所以命题成立.

设 $n=k$ 时,命题成立,即

$$\dfrac{x_1^2}{x_2}+\dfrac{x_2^2}{x_3}+\cdots+\dfrac{x_k^2}{x_1}\geqslant x_1+x_2+\cdots+x_k$$

于是,当 $n=k+1$ 时

$$\dfrac{x_1^2}{x_2}+\dfrac{x_2^2}{x_3}+\cdots+\dfrac{x_k^2}{x_{k+1}}+\dfrac{x_{k+1}^2}{x_1}$$

$$=\left(\dfrac{x_1^2}{x_2}+\dfrac{x_2^2}{x_3}+\cdots+\dfrac{x_k^2}{x_1}\right)+\dfrac{x_k^2}{x_{k+1}}+\dfrac{x_{k+1}^2}{x_1}-\dfrac{x_k^2}{x_1}$$

$$\geqslant x_1+x_2+\cdots+x_k+\dfrac{x_{k+1}^2-x_k^2}{x_1}+\dfrac{x_k^2}{x_{k+1}}$$

显然,要达到我们的证明目标,必须证明

$$\dfrac{x_{k+1}^2-x_k^2}{x_1}+\dfrac{x_k^2}{x_{k+1}}\geqslant x_{k+1}.$$

由于原不等式关于变元 $x_1,x_2,\cdots,x_{k+1}$ 是轮换对称性,不妨假设 $x_{k+1}=\max\{x_1,x_2,\cdots,x_{k+1}\}$,则

$$x_{k+1}^2-x_k^2\geqslant 0$$

从而

$$\dfrac{x_{k+1}^2-x_k^2}{x_1}\geqslant\dfrac{x_{k+1}^2-x_k^2}{x_{k+1}}$$

所以

$$\dfrac{x_{k+1}^2-x_k^2}{x_1}+\dfrac{x_k^2}{x_{k+1}}\geqslant\dfrac{x_{k+1}^2-x_k^2}{x_{k+1}}+\dfrac{x_k^2}{x_{k+1}}=\dfrac{x_{k+1}^2}{x_{k+1}}=x_{k+1}$$

这就完成了证明.

例2(1985年全国高中数学联赛题) 某足球邀请赛有16个城市参加,每市派出甲、乙两个队.根据比赛规则,每两队之间至多比赛一场,并且同一城市的两个队之间不进行比赛.比赛若干天后进行统计,发现除

第11章 极端原理及其应用

A 市甲队外,其他各队已比赛过的场数各不相同,问 A 市乙队已赛过多少场? 并证明你的结论.

证明 对问题做一般的讨论:设有 n 个满足题设的城市比赛. 记 A 市乙队比赛过的场数为 a_n,显然 $a_n = 0$.

对于 n 个城市的情形,根据比赛规则,每队至少赛 $2(n-1)$ 场. 由题设条件,除 A 市甲队外的 $2n-1$ 个队,它的赛过的场数应分别是 $0,1,2,\cdots,2(n-1)$. 为确定起见,设 B 市甲队赛了 $2(n-1)$ 场,它已赛完全部场次,这样,除 B 市乙队外的其余各队至少赛了一场,所以 B 市乙队赛过的场数为 0. 现将 B 市两个队去掉,考虑 $n-1$ 个城市,这时除 A 市甲队外,各队赛过的场数为 $1-1=0, 2-1=1, \cdots, (2n-3)-1 = 2(n-2)$ (各减去与 B 市甲队赛过的一场). 由于是 $n-1$ 个城市的情形, A 市乙队所赛过的场数为 a_{n-1},故 $a_n = a_{n-1} + 1$. 由此得知,数列 $\{a_n\}$ 是首项为 $a_1 = 0$,公差 $d = 1$ 的等差数列,于是 $a_n = 0 + (n-1) \cdot 1 = n-1$. 所以,$A$ 市乙队已赛过 15 场.

例 3(1987 年全国高中数学联赛题) n(大于 3)名乒乓球选手单打比赛若干场后,任意两个选手已赛过的对手恰好都不完全相同,试证明:总可以从中去掉一名选手,而使在余下的选手中,任意两个选手已赛过的对手仍然不完全相同.

证明 如果去掉选手 H,能使在余下的选手中,任意两个选手已赛过的对手仍然都不完全相同,那么称选手 H 为可去选手. 我们的问题就是证明:存在可去选手. 设 A 是已赛过最多的选手,若不存在可去选手,于是 A 不是可去选手,故有在选手 B, C,使当去掉 A 时,与 B 赛

极值与最值

过的对手的集合和与 C 赛过的对手的集合相同,从而 B 和 C 不可能赛过,且 B 和 C 中一定有一个(不妨设为 B)与 A 赛过,而另一个(即 C)未与 A 赛过.

又因 C 不是可去选手,故存在选手 D,E,其中 D 与 C 赛过,而 E 未与 C 赛过.

显然,D 不是 A,也不是 B.因为 D 与 C 赛过,所以 D 也与 B 赛过.又因为 B 与 D 赛过,所以 B 也与 E 赛过,但 E 未与 C 赛过,因而选手 E 只能是选手 A.于是,与 A 赛过的对手数就是与 E 赛过的对手数,它比与 D 赛过的对手数少 1.这与关于 A 的假设相矛盾,从而问题得证.

例4(1987年全国高中数学联赛题) 在坐标平面上,横纵坐标都是整数的点称为整数点.试证:存在一个同心圆的集合,使得:

(1)每个整点都在此集合的某一个圆周上.

(2)此集合的每个圆周上有且只有一个整点.

证明 取点 $P(\sqrt{2}, \frac{1}{3})$,设整点 (a,b) 和 (c,d) 到点 P 的距离相等,则

$$(a-\sqrt{2})^2 + (b-\frac{1}{3})^2 = (c-\sqrt{2})^2 + (d-\frac{1}{3})^2$$

即

$$2(c-a)\sqrt{2} = c^2 - a^2 + d^2 - b^2 + \frac{2}{3}(b-d)$$

上式仅当两端都为零时成立.所以

$$c = a \qquad (1)$$

$$c^2 - a^2 + d^2 - b^2 + \frac{2}{3}(b-d) = 0 \qquad (2)$$

式(1)代入式(2)并化简,得

第11章 极端原理及其应用

$$d^2 - b^2 + \frac{2}{3}(b-d) = 0$$

即 $(d-b)(d+b-\frac{2}{3}) = 0$

由于 b,d 都是整数,第二个因子不能为零,因此,$b=d$,从而点 (a,b) 与 (c,d) 重合. 故任意两个整点到 $P(\sqrt{2},\frac{1}{3})$ 的距离都不相等.

现将所有整点到点 P 的距离从小到大排成一列 $d_1,d_2,\cdots,d_n,\cdots$,显然以 P 为圆心,以 $d_1,d_2,\cdots$ 为半径作的同心圆集合即为所求.

例5(1987年第2届全国数学冬令营竞赛题)某次体育比赛,每两名选手都进行一场比赛,每一场比赛一定决出胜负. 通过比赛确定优秀选手. 选手 A 被确定为优秀选手的条件是:对于任何其他选手 B,或 A 胜 B;或存在选手 C,C 胜 B,A 胜 C. 如果按上述规则确定的优秀选手只有一名,求证:这名选手胜所有其他的选手.

证明 先证明任何一个不小于 2 的小组中,总有这个小组的优秀选手存在.

设 A 为此小组中胜的场数最多的人(当然这样的人可能不止一个). 若其余的人均被 A 战胜,那么 A 显然为优秀选手. 如果还有 B 战胜了 A,而一切败于 A 的人都败于 B,那么 B 胜的场数比 A 胜的场数多1,与 A 的选法不符合. 这说明如果 B 胜 A,那么在败给 A 的人中,至少有一人 C 胜 B. 这时,我们称 A 间接胜 B.

现在设 A 为整个团体中的唯一优秀选手. 如果 A 未胜其他人,那么胜 A 的人不为空集. 这个集合中应有一优秀选手(是指这个集合中的优秀选手),他直接胜或间接胜这个集合中的其他人;他直接胜 A,间接胜一切败于 A 的人.所以这人也是这个团体的优秀选手,这与该团体中有唯一优秀选手矛盾.

所以,A 直接战胜其他人.

例 6(1988 年全国高中数学联赛题) 已知 $a_1=1, a_2=2$

$$a_{n+2}=\begin{cases}5a_{n+1}-3a_n, & \text{当 } a_na_{n+1} \text{ 为偶数时}\\ a_{n+1}-a_n, & \text{当 } a_na_{n+1} \text{ 为奇数时}\end{cases}$$

试证:对一切自然数 n,$a_n\neq 0$.

证明 由 $a_1=1, a_2=2$ 及递推公式知 a_n, a_{n+1}, a_{n+2} 的奇偶性只有三种:奇,偶,奇;偶,奇,奇;奇,奇,偶.注意到 $a_1=1, a_2=2, a_3=7, a_4=29, a_5=22$ 都不是 4 的倍数,下面来证所有 a_n 都不是 4 的倍数(当然更不是 0).

设 m 是使 a_m 为 4 的倍数的最小下标,则 $m>5$,a_m 为偶数,故 a_{m-1}, a_{m-2} 均为奇数,a_{m-3} 为偶数,于是

$$a_m=a_{m-1}-a_{m-2}=5a_{m-2}-3a_{m-3}-a_{m-2}$$
$$=4a_{m-2}-3a_{m-3}$$

可见 a_{m-3} 是 4 的倍数,矛盾.

因为 0 是 4 的倍数,所以 $a_n\neq 0$.

例 7(1989 年全国高中数学联赛题) 已知 $x_i\in\mathbf{R}$($i=1,2,\cdots,n, n\geq 2$),满足 $\sum_{i=1}^n|x_i|=1, \sum_{i=1}^n x_i=0$.求证

$$\left|\sum_{i=1}^n\frac{x_i}{i}\right|\leq\frac{1}{2}-\frac{1}{2n} \qquad (3)$$

我们可以证明更一般的不等式

$$\left|\sum_{i=1}^n a_ix_i\right|\leq\frac{1}{2}(\max\, a_i-\min\, a_i) \qquad (4)$$

显然,取 $a_i = \dfrac{1}{i}$,式(4)即为式(3).

证明 不妨令 $a_1 = \max a_i, a_n = \min a_i$,因为
$$\sum_{i=1}^n x_i = 0$$
所以
$$\left|\sum_{i=1}^n a_i x_1\right| = \frac{1}{2}\left|\sum_{i=1}^n (2a_i - a_1 - a_n)x_i\right|$$
$$\leq \frac{1}{2}\sum_{i=1}^n |2a_i - a_1 - a_n| \cdot |x_i| \quad (5)$$
易证
$$|2a_i - a_1 - a_n| \leq a_1 - a_n \quad (6)$$
事实上,式(6)等价于
$$\begin{cases} 2a_i - a_1 - a_n \leq a_1 - a_n \\ a_1 + a_n - 2a_i \leq a_1 - a_n \end{cases} \Leftrightarrow \begin{cases} a_i \leq a_1 \\ a_n \leq a_i \end{cases}$$
而由所设这是成立的,再由式(5)、式(6),得
$$\left|\sum_{i=1}^n a_i x_i\right| \leq \frac{1}{2}\sum_{i=1}^n (a_1 - a_n)|x_i|$$
$$= \frac{1}{2}(a_1 - a_n)\sum_{i=1}^n |x_i|$$
$$= \frac{1}{2}(a_1 - a_n)$$

例8(1990年第5届全国冬令营竞赛题) 设 x 为一自然数,若一串自然数 $x_0 = 1, x_1, x_2, \cdots, x_{t-1}, x_t = x$,满足 $x_{i-1} < x_i, x_{i-1} | x_i (i = 1, 2, \cdots, t)$,则称 $\{x_0, x_1, \cdots, x_t\}$ 为 x 的一条因子链,t 为该因子链的长度. $T(x)$ 与 $R(x)$ 分别表示 x 的最长因子链的长度和最长因子链的条数. 对于 $x = 5^k \times 31^m \times 1990^n$($k, m, n$ 是自然数),试求 $T(x)$ 与 $R(x)$.

极值与最值

解 对于任意自然数 $x = p_1^{\alpha_1} \cdot p_2^{\alpha_2} \cdots p_n^{\alpha_n}$，其中 $p_1, p_2, \cdots, p_n$ 为互不相同的素数，$\alpha_1, \alpha_2, \cdots, \alpha_n$ 为正整数. 显然 x 的因子链存在且有有限条，从而存在最长因子链. 设 $\{x_0, x_1, x_2, \cdots, x_t\}$ 为 x 的一条最长因子链，可以证明 $\dfrac{x_i}{x_{i-1}}$ ($i = 1, 2, \cdots, t$) 必为素数. 事实上，如果存在 $1 \leq i \leq t$ 使得 $\dfrac{x_i}{x_{i-1}}$ 不是素数，可设 $\dfrac{x_i}{x_{i-1}} = q_1 q_2$，其中 q_1, q_2 都是大于 1 的正整数，则 $\{x_0, x_1, \cdots, x_{i-1}, q_1 x_{i-1}, x_i, x_{i+1}, \cdots, x_t\}$ 也是 x 的一个因子链，与 $\{x_0, x_1, \cdots, x_t\}$ 为最长因子链矛盾. 由此可知对任意 $1 \leq i \leq t$，有 $\dfrac{x_i}{x_{i-1}}$ 必是 x 的一个素因子，从而

$$t = T(x) = \alpha_1 + \alpha_2 + \cdots + \alpha_n$$

反之，如果 $\{x_0, x_1, \cdots, x_m\}$ 为 x 的一个因子链，而且对任意 $1 \leq i \leq t$，$\dfrac{x_i}{x_{i-1}}$ 都是素数，由因子链的定义知 $m = \alpha_1 + \alpha_2 + \cdots + \alpha_n = T(x)$，即 $\{x_0, x_1, \cdots, x_m\}$ 必为最长因子链. 因此，从 1 开始逐次乘 x 的一个素因子达到 x 为止，得 x 的一个最长因子链，而且不同素因子乘的顺序不同得到不同的最长因子链，从而

$$R(x) = \frac{(\alpha_1 + \alpha_2 + \cdots + \alpha_n)!}{\alpha_1! \ \alpha_2! \cdots \alpha_n!}$$

取 $x = 5^k \times 31^m \times 1\,990^n = 2^n \times 5^{k+n} \times 31^m \times 199^n$

则

$$T(x) = 3n + k + m$$

$$R(x) = \frac{(3n + k + m)!}{n!^2 \cdot m! \cdot (k+n)!}$$

第12章 线性规划问题

线性规划是运筹学的一个重要分支,是近几十年来发展起来的一门新学科.它通常包括线性规划、整数规划、非线性规划和动态规划四大部分,它在经济管理、生产生活等方面有着广泛的应用.

12.1 两个简单的例子

例1 试求在约束条件
$$\begin{cases} y \leqslant 5, 2y - x \geqslant 3 \\ 2x + y \leqslant 11 \\ x \geqslant 0, y \geqslant 0 \end{cases}$$
下,求目标函数 $L = x + y$ 的最大值.

解 在平面直角坐标系中,画出约束条件所确定的图形:

(1)满足 $x \geqslant 0, y \geqslant 0$ 的点在第一象限;

(2)满足 $y \leqslant 5$ 的点在直线 $y = 5$ 的下方;

(3)满足 $2y - x \geqslant 3$ 的点在直线 $2y - x = 3$ 的左上方;

极值与最值

(4) 满足 $2x+y \leqslant 11$ 的点在直线 $2x+y=11$ 的左下方.

综上所述,满足约束条件的点集是如图 12.1 中所示的凸四边形 $ABCD$ 的内部和边界. 现在要在四边形 $ABCD$ 中找到这样的点,使目标函数取得最大值.

对于目标函数 $L = x + y$,当 L 取不同的值,如 $L = 1, 2, \cdots$ 时,由方程 $x + y = 1, x + y = 2, \cdots$,可作出一系列直线(等高线). 由解析几何知识得,这些直线是一簇平行线(图 12.2),当 L 由 0 变大时,直线离开原点愈远,要使 L 尽可能地大,就必须使直线离原点尽可能地远. 当直线远到与凸四边形 $ABCD$ 不相交时,而这不满足问题的约束条件. 因此,问题转化为:在上述平行直线簇中,至少要与四边形 $ABCD$ 有一个公共点的条件下,确定出离原点最远的那条直线(求最小值时,则离原点最近). 由图 12.2 易见,过四边形 $ABCD$ 的顶点 D 的那条直线离原点最远,这正是我们要求的. 易求得点 D 的坐标为 $D(3,5)$. 于是,所求目标函数的最大值是

$$L_{\max} = L(3,5) = 8$$

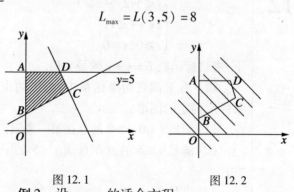

图 12.1   图 12.2

例2 设 x, y, z 的适合方程

$$x + y + z = 1 \tag{1}$$

及不等式 $\begin{cases} 0 \leqslant x \leqslant 1 \\ 0 \leqslant y \leqslant z \\ 3y+z \geqslant 2 \end{cases}$,求 $F=2x+6y+4z$ 的极大值及极小值.

解 由式(1)得 $z=1-x-y$,所以
$$F=2y-2x+4$$
于是问题转化为在约束条件
$$\begin{cases} 0 \leqslant x \leqslant 1 \\ 0 \leqslant y \leqslant 2 \\ 2y-x \geqslant 1 \end{cases}$$
下,求 $F=2y-2x+4$ 的极大或极小值.

如图 12.3 所示,在直角坐标系中,也就是在阴影部分中,求 $F=2y-2x+4$ 的极大或极小值.

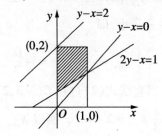

图 12.3

图 12.3 中阴影区域中的点 (x,y) 满足
$$2 \geqslant y-x \geqslant 0$$
故当 $x=1,y=1$ 时,$F=4$ 为极小值;$x=0,y=2$ 时,$F=8$ 为极大值.

例 3(1978 年全国中学生数学竞赛题) 如图 12.4 所示,设 R 为平面上以 $A(4,1),B(-1,-6),C(-3,2)$ 三点为顶点的三角形区域(包括边界),试求 (x,y) 在 R 上变动时,函数 $\lambda=4x-3y$ 的极大值和最

极值与最值

小值.

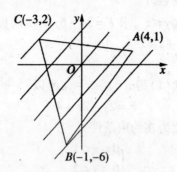

图 12.4

解 设 $4x-3y=\lambda$,则

$$y=\frac{4}{3}x-\frac{\lambda}{3} \tag{2}$$

(x,y) 在 R 上变动,所以当直线式(2)过 $B(-1,-6)$ 时,其纵截距 $-\frac{\lambda}{3}$ 最小,即

$$(-\frac{\lambda}{3})_{\min}=-6+\frac{4}{3}=-\frac{14}{3}$$

所以 $\lambda_{\max}=14$. 当直线式(2)过点 $C(-3,2)$ 时,其截距 $-\frac{\lambda}{3}$ 最大, $(-\frac{\lambda}{3})_{\max}=2+4=6$,所以 $\lambda_{\min}=-18$. 故当 (x,y) 在 R 上变动时,函数 $\lambda=4x-3y$ 的极大值为 14,极小值为 -18.

例 4(1983 年全国高中数学联赛题) 已知函数 $f(x)=ax^2-c$,满足 $-4\leqslant f(1)\leqslant -1$, $-1\leqslant f(2)\leqslant 5$. 那么 $f(3)$ 应满足( ).

A. $7\leqslant f(3)\leqslant 26$ B. $-4\leqslant f(3)\leqslant 15$

C. $-1\leqslant f(3)\leqslant 20$ D. $-\frac{28}{3}\leqslant f(3)\leqslant \frac{25}{3}$

解 由已知有 $-4\leqslant a-c\leqslant -1$, $-1\leqslant 4a-c\leqslant 5$,

于是问题转化为在此条件下求 $f(3)=9a-c$ 的最小值与最大值. 如图 12.5 所示,当直线 $9a-c=k$ 过点 $A(0,1)$ 时,$f(3)$ 有最小值 $k_{\min}=9\times0-1=-1$. 当直线 $9a-c=k$ 过点 $C(3,7)$ 时,$f(3)$ 有最大值 $k_{\max}=9\times3-7=20$,所以 $-1\leqslant f(3)\leqslant 20$.

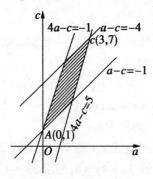

图 12.5

故正确的选项应是 C.

从上面几个具体例子可以看到求一个线性极值问题的一般方法:

当点 (x,y) 在平面上一个区域 Γ(包括边界)上变动时,求一次函数 $M=ax+by$ 的最大值和最小值. 当 M 变动时就得到一组互相平行的直线簇,与 Γ 有公共点的最边缘的两点直线 L_1 和 L_2,就决定了 $M=ax+by$ 在 Γ 上的最小值和最大值(图 12.6). 可见一次函数的极值总是在 Γ 的边界上达到. 当区域是一个三角形时,就一定在顶点上达到极值. 如果 Γ 有一条边与直线簇 $ax+by=M$ 平行,则在这条边上 $ax+by$ 的值都相等,且是最大值或最小值.

极值与最值

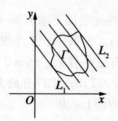

图 12.6

这就是线性规划论中的一个基本原则.

下面列举两例

例5 已知动点 $P(x,y)$ 的坐标满足下列条件, $x+2y\leq 5, 2x+y\leq 4, x\geq 0, y\geq 0$.

求 $3x+4y$ 的最大值.

解 先求出直线 $x+2y=5$ 与直线 $2x+y=4$ 的交点为 $A(1,2)$. 设 $3x+4y=b$, 要求 $3x+4y$ 的最大值, 可求 b 的最大值.

对于方程 $3x+4y=b$, 即 $y=-\dfrac{3}{4}x+\dfrac{b}{4}$ 表示一组平行线. 当直线过 $A(1,2)$ 时如图 12.7 所示, b 取最大值为 $3\times 1+4\times 2=11$.

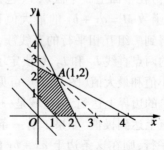

图 12.7

例6 已知动点 $P(x,y)$ 的坐标满足下列条件: $x^2+y^2\leq 4, y\geq 0$. 求 $2x+y$ 的最大值和最小值.

第 12 章 线性规划问题

解 设 $2x+y=b$，即 $y=-2x+b$. 要求 $2x+y$ 的最大值、最小值，可求 b 的最大值、最小值.

如图 12.8 所示，当 $y=-2x+b$ 与半圆 $y=\sqrt{4-x^2}$ 相切时，b 取最大值.

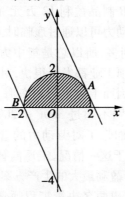

图 12.8

此时，原点到直线 $y=-2x+b$ 的距离等于 2. 所以

$$z=\frac{|0\times 2+0-b|}{\sqrt{1^2+2^2}}$$

所以 $|b|=2\sqrt{5}$

因为 $b>0$，所以 $b=2\sqrt{5}$. 当 $y=-2x+b$ 通过点 $B(-2,0)$ 时，b 取最小值

$$b=2x+y=2\times(-2)+0=-4$$

所以 $2x+y$ 的最大值为 $2\sqrt{5}$，最小值为 -4.

12.2 线性规划在实际问题中的应用

下面先结合例子介绍一下利用线性规划原则解决

极值与最值

实际问题的一般步骤.

例1 东海化工厂生产 A,B 两种制品. 生产 1t A 制品需煤 9t, 电 4kW·h、劳动力 3 人工/日;生产 1t B 制品需煤 4t, 电 5kW·h、劳动力 10 人工/日. 1t A 制品盈利 7 万元,1t B 制品盈利 12 万元. 由于以前煤和电都不受限制,劳动力可以通过雇临时工解决,工厂考虑到 B 制品的盈利多,所以总是集中力量生产 B 制品. 然而近年来,各项工业都发展很快,对煤和电的需求量都大大增加了. 因而上级部门对东海化工厂的煤和电都做了控制,分别不超过 360t 和 200kW·h. 与此同时,劳动部门也加强了对劳动力的管理,要求不多于 300 人工/日. 鉴于这一情况,工厂向智力公司咨询,请求帮助制订一个盈利最大的生产方案.

智力公司派出两名决策工程师. 他们习惯用数学的语言思考,把原始数据及初步分析得到的数据,编制成表 1.

表 1

原材料	制品及约束				
	原始数据			分析数据	
	A 制品	B 制品	对原材料的限制不大于	用全部原材料仅生产 B 制品的最大产量	生产 B 制品 30 t 剩下的原材料
煤(t)	9	4	360	90	240
电(kW·h)	4	5	200	40	50
劳动力(人工/日)	3	10	300	30	0
利润(万元)	7	12		360	

由于 B 制品的利润比 A 制品大,先考虑只生产 B 制品. 在现有的原材料限制下,最多能生产 B 制品多少吨呢?

若把 360t 煤都用于生产 B 制品,则可生产
$$\frac{360}{4} = 90(\text{t})$$

若把 200kW·h 的电都用于生产 B 制品,则可生产
$$\frac{200}{5} = 40(\text{t})$$

若把 300 人工/日的劳动力都用于生产 B 制品,则可生产
$$\frac{300}{10} = 30(\text{t})$$

原材料的三个约束,都必满足,最缺一不可的. 因而东海化工厂在现有三种原料的限制下,最多只能生产 B 制品 30t. 按此制订生产计划,除劳动力全部用光外,尚有

煤　　　$360 - 4 \times 30 = 240(\text{t})$

电　　　$200 - 5 \times 30 = 50(\text{kW·h})$

没有发挥作用. 工厂的盈利是
$$12 \times 30 = 360(万元)$$

有没有比这个利润更大的生产方案呢?决策工程师认为必须把数学模型建立起来.

(1)模型的目的和用途:寻求东海化工厂利润为最大的生产方案.

(2)目标函数:设备的固定费用和管理费用,属于固定成本. 从盈亏分析的例子知道,固定成本与决策无关,所以在决策过程中不考虑它. 工厂的目标是想获得

极值与最值

大最利润,生产 A 制品 1t,获利 7 万元,若生产了 x_1t,则获利 $7x_1$ 万元. 生产 B 制品 1t,获利 12 万元,若生产了 x_2 吨,则获利 $12x_2$ 万元. 工厂的利润是这两种制品利润的和

$$利润 = 7x_1 + 12x_2$$

(3)决策变量:决策工程师认为,在 A 制品和 B 制品之间肯定存在一种最合适的平衡关系. 在这种关系下,工厂盈利最多,而人力和物力也得到了最大限度地利用. 换句话说,必然有一组 x_1 和 x_2 的值,能使前述目标函数值达到最大. 因而 x_1 和 x_2 就是东海工厂问题的决策变量.

(4)约束条件:供煤量的约束:生产 A 制品 1t 耗煤 9t,生产 A 制品 x_1t 则耗煤 $9x_1$t;生产 B 制品 1t 耗煤 4t,生产 B 制品 x_2t 则耗煤 $4x_2$t. 因为工厂的供煤量为 360t,所以

$$9x_1 + 4x_2 \leqslant 360$$

供电量的约束:生产 A 制品 1t 耗电 4kW·h,生产 x_1t A 制品则耗电 $4x_1$kW·h;生产 B 制品 1t 耗电 5kW·h,生产 x_2t B 制品则耗电 $5x_2$kW·h. 然而工厂的供电量为 200kW·h,因此

$$4x_1 + 5x_2 \leqslant 200$$

劳动力的约束:生产 A 制品 1t 需 3 人工/日,生产 A 制品 x_1t 则需 $3x_1$ 人工/日;生产 B 制品 1t 需 10 人工/日,生产 B 制品 x_2t 则需 $10x_2$ 人工/日. 由于生产中所使用的总劳动力,不得超过所可能获得的 300 人工/日,因而

$$3x_1 + 10x_2 \leqslant 300$$

最小生产量的约束:每一种制品的生产量不会是

负的,它的最小值为零,所以
$$x_1 \geq 0, x_2 \geq 0$$
归纳上述各项,我们得到东海化工厂问题的数学模型
$$\max F(X) = 7x_1 + 12x_2 \qquad (1)$$
满足
$$9x_1 + 4x_2 \leq 360 (煤) \qquad (2)$$
$$4x_1 + 5x_2 \leq 200 (电) \qquad (3)$$
$$3x_1 + 10x_2 \leq 300 (劳动力) \qquad (4)$$
$$x_1 \geq 0, x_2 \geq 0 \qquad (5)$$

现在我们用图形来描述这一问题.用 x_1 作横轴,用 x_2 作纵轴,由于式(5)的约束,图示问题时我们只需考虑第一象限,也就是 x_1 轴的上边、x_2 轴的右边(图12.9).其他线性规划问题也是如此,非负性约束条件不允许变量在坐标系的其他象限.

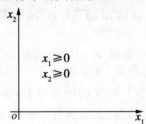

图12.9 非负性约束

首先研究式(2)表示的煤的约束条件.我们暂且忽略不等式这一实际,而假定它是一个等式
$$9x_1 + 4x_2 = 360 \qquad (6)$$
我们把它画成一条直线.由于任意两点可以确定一条直线,所以我们选择能满足式(6)的两点,并把这两点用一条直线联结起来表示这个等式.寻找这两点

极值与最值

最容易的方法是令 $x_1=0$,解出 x_2;令 $x_2=0$,解出 x_1。用这样的方法,我们可以用式(6)求出与煤供应量相等的两个解

$$X_1=\begin{pmatrix}x_1\\x_2\end{pmatrix}=\begin{pmatrix}0\\90\end{pmatrix}$$

和

$$X_2=\begin{pmatrix}x_1\\x_2\end{pmatrix}=\begin{pmatrix}40\\0\end{pmatrix}$$

表示这两个解的点,分别为图 12.10(a)的点 A 和点 B。

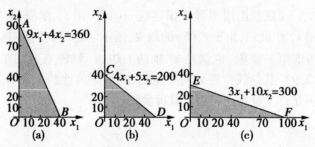

图 12.10 结构性约束

煤的约束条件是"小于或等于",因而只要总耗煤量小于 360t 或等于 360t 的任何解,都能满足式(2)的约束。AB 线段上的点,表示所有"等于"的解;AB 线段左边的点,表示所有"小于"的解。结合式(5)的非负性约束条件(图 12.9)可知,△AOB 内的各点(包括三条边上的点)都满足煤的约束条件,而△AOB 外(即 AB 线的右边、Ox_1 轴的下边、Ox^2 的左边)的任何点,都不满足煤的约束条件。

再研究式(3)表示的电的约束条件。用与前面同样的方法作图 12.10(b),线段 CD 描述的是等式

第 12 章 线性规划问题

$$4x_1 + 5x_2 = 200 \qquad (7)$$

△COD 内的各点(包括三条边上的点)都满足电的约束条件.

同样,我们可以找出满足劳动力约束条件的区域. 这一区域,我们已描绘在图 12.10(c)中.

把图 12.10 的(a),(b),(c)三张图,汇聚到一张图上,这就是图 12.11. 由于作为本问题的一个解点,必须同时满足式(2),(3),(4)和式(5)的所有约束,因而多边形 EOBGH 所包络的范围内的点(包括各边上的点),都是东海化工厂问题的解. 满足结构性约束条件和非负性约束条件的解,在决策科学中叫作可行解. 全部可行解组成的集,称为可行解集. 多边形 EOBGH 包络的范围,就是东海化工厂问题的可行解集,简称为解域. 从几何学的观点看,二维问题(即二个变量)的解域是平面上的凸多边形. 三维问题(即三个变量)的解域,是一个具有平面边界及直线棱的多面体. n 维问题(即四个及四个以上的变量)的解域,是 n 维空间的一个凸多面体.

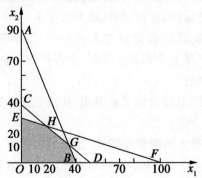

图 12.11 可行解集

任何不违背约束条件的解,都能用解域内的一个点来表示.解域外的任何一点,至少违背一个约束条件,是不可行解,不能为决策者所采用.

最佳解必须满足所有的约束,因此它首先是可行解.这样,它必然在解域内.而解域内有成千上万个解,最佳解在解域的哪一个位置上呢？

EO,OB,BG,GH 和 HE,都是解域的边界线.点 E, O,B,G,H 是每条边界线的起始点和结束点,统称为端点.从图 12.11 容易发现,端点是两条边界线的交点.由于两条边界线相交所构成的内角小于 $180°$,所以常叫角点.角点也是解域上的点,它表示的是一类特殊类型的解,决策科学把它定名为基本可行解.

角点有真角点和伪角点之分.真角点,所有变量都是非负的；伪角点,则包含具有负值的变量.因而伪角点违背非负性约束条件,必然处于解域的外面,所以是不可行解.真角点满足包括非负性的约束条件在内的所有约束,因此位于解域内,是基本可行解.现代数学已经证明,假如研究的问题有一个最佳解,这个最佳解必定是基本可行解.据此道理,我们说最佳解在真角点上.这就把最佳解所在的区域大大缩小了.

任何问题的真角点都不止一个.以本例而言,有 E,O,B,G,H 五个真角点,哪一个真角点所表示的解才是最佳解呢？

我们用上面的例子来说明,从图上搜寻最佳解,一般有两种方法：

第一种方法叫参考线法.这里的参考线,指的是目标函数的参考线.为了在解域上作出第一条参考线,先找出满足目标函数任意值的两个点,然后用一条直线联结这两点.为清楚起见,我们把图 12.11 的解域移出来,并加以放大,绘于图 12.9 中.

任取一个目标函数值
$$F(X) = 84(万元)$$
代入式(1),为
$$7x_1 + 12x_2 = 84 \qquad (8)$$
令 $x_1 = 0$,解出 x_2;再令 $x_2 = 0$,解出 x_1,得到目标函数值为 84 万元的两个解
$$X_1 = \begin{pmatrix} x_1 \\ x_2 \end{pmatrix} = \begin{pmatrix} 0 \\ 7 \end{pmatrix}$$
和
$$X_2 = \begin{pmatrix} x_1 \\ x_2 \end{pmatrix} = \begin{pmatrix} 12 \\ 0 \end{pmatrix}$$
把它们表示在图 12.12 上,就是点 p 和点 q. 连 pq 得到第一条参考线.

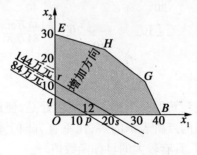

图 12.12　参考线的作法

但是,仅有第一条参考线是不够的,因为不能确定目标函数值增大或减小的方向. 为此,我们作第二条参考线. 作法与作第一条参考线相同. 任取目标函数值
$$F(x) = 144(万)$$
代入式(1),为
$$7x_1 + 12x_2 = 144 \qquad (9)$$

极值与最值

式(8)和式(9),除等号右边的常数不同外,左边的两项是完全一样的,因而它们表示的是斜率相同的两条平行直线. 这样,我们作第二条参考线时,只需求出一个解就行了.

令 $x_1=0$,代入式(9)得 $x_2=12$. 绘于图12.12上,就是点 r. 过点 r 作直线 rs 平行 pq. rs 是第二条参考线.

pq 和 rs 是等值线. pq 各点的解,目标函数值都是84万元. rs 各点的解,目标函数值都是144万元. 由此,我们可以明确目标函数增大或减小的方向.

为使初学者一目了然,我们把图12.12以点 O 为中心,按反时针方向旋转,使参考线成为水平. 图12.13就是这样旋转的结果.

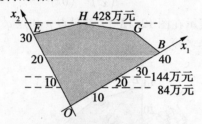

图 12.13　解域旋转

作上述旋转的一个重大方便之处是,使得在垂直方向上较高的点所表示的解,比垂直方向上较低的点所表示的解,具有较大的目标函数值.

东海化工厂是求盈利最大的生产方案,所以我们把参考线垂直向上平行移动. 参考线最后离开解域的那个点,具有最大的目标函数值. 容易看到,图12.13解域的最高点 H,是参考线最后离开解域的点.

点 H 是直线 EF 和直线 CD 的交点(图12.11). 这两条直线的代数方程分别为

第 12 章 线性规划问题

$$3x_1 + 10x_2 = 300$$
$$4x_1 + 5x_2 = 200$$

联立求解这两个方程,得到交点坐标为

$$x_1 = 20, x_2 = 24$$

代入式(1)得

$$F(x_{最佳}) = 7x_1 + 12x_2 = 7 \times 20 + 12 \times 24 = 428$$

把它翻译成日常语言是,东海化工厂在下一个生产周期里,生产 A 制品 20t,生产 B 制品 24t,工厂盈利 428 万元.这是最大盈利的生产方案,再也找不出可以得到更大利润的生产方案.因此,我们求出的方案是最佳生产方案.

点 H 是角点.最佳解在角点上得到,这就是一个证明.因而,在图形上搜寻最佳解.只需沿着角点搜寻.

搜寻最佳解的第二种方法,叫角点搜寻法.这一方法,不需要作参考线.只需把解域的每一个角点的坐标及其相应的目标函数值求出来,比较各个角点目标函数值的大小.最大化问题,具有最大目标函数值的角点为最佳解值的大小.最小化问题,具有最小目标函数值的解为最佳解.以本例而言,有 O, E, H, G, B 五个角点.我们采用如同求点 H 坐标的同样方法.写出每个角点两条相交直线的代数方程,联立求解,得到的坐标分别为

$O(0, 0)$

$E(0, 30)$

$H(20, 24)$

$G(34.5, 12.4)$

$B(40, 0)$

代入式(1)求出目标函数值,相应为 0 万元、360 万元、

428万元、390.3万元、280万元. 东海化工厂的问题为最大化问题. 由于点 H 的目标函数值最大，所以它体现的解为最佳解. 这一结论与前面平移参考线的结论完全一致.

用在第一象限作图搜寻最佳解的方法，在决策科学中称为图解法. 图解法虽然简单，但它把最佳解的求解概念，变得直观而明晰，便于理解. 本节采用了两个独立变量的例子. 在这种情况下，我们是用平面直角坐标系求得其解的，解域是凸多边形包络的面积. 对于具有三个独立变量的问题，约束条件是平面方程，解域是凸多面体，角点是三个平面的交点，因而在直观概念上变得复杂了.

线性规划问题的解法有很多，下面结合具体例子介绍几种特殊解法.

1. 图解法

图解法是利用坐标图来求解线性规划问题的一种简易方法. 线性规划中的约束条件都是线性等式或不等式，目标函数也是线性函数. 在平面直角坐标系中，每个线性方程都可以用相应的一条直线表示，每个线性不等式都可以用一个半平面表示. 图解法的解题方法，就是先按实际问题列出数学表达式，然后利用代数式与图形一一对应的关系描绘出相应的图形，再从图中找出符合要求的坐标点，从而确定最优解.

图解法简单直观，不仅可以帮助我们求解两个变量的线性规划问题，而且有助于了解求解复杂线性规划问题的基本原理. 但用这种方法，一般只适合于解决含有两个变量的线性规划的问题.

例 2   红光机械厂金工车间，加工甲、乙两种零件,需分别经过车、铣、磨三道工序.甲、乙两种零件在各类机床上加工所需的时间、各类机床在计划期内的有效台时和两种零件的单价如下表 2 所示.怎么安排甲、乙两种零件的产量,才能使计划期内的产值最高?

表2

单位零件加工时间(小时) \ 机床 \ 零件	车床	铣床	磨床	零件单价(元)
甲	3		5	50
乙	6	6	4	60
有效台时	240	180	310	

这是一个在设备加工能力限制的条件下,安排甲、乙两种零件的产量,以求合理分配设备加工时间,使产值最高的生产计划的问题.

为了使这个现实问题能转化为数学问题来求解,先列出它的数学表达式.线性规划的数学表达式包括约束条件和目标函数两部分,因此,列数学表达式可分三步进行:选择变量,确定约束条件,建立目标函数.

(1)选择变量

一般选择需要确定的量作为变量.它既与约束量有关,又与目标值有关.

例2 约束量是设备有效台时,目标值是总产值最大.所要确定的是零件的产量,而产量与设备有效台时,总产值均有关.根据选择的原则,可设零件甲的产量为 x_1 件,零件乙的产量为 x_2 件.

(2)建立约束条件方程组

所谓约束条件,就是实际问题中的限制条件.建立约束条件方程组,就是把这些限制量和所有变量之间的关系用线性等式或不等式表示出来.

例2 约束量有3个,即车床有效台时240,铣床有效台时180,磨床有效台时310.

在车床上加工甲零件每件需要3台时,x_1件则需要$3x_1$台时;乙零件每件需要6台时,x_2件则需要$6x_2$台时.因此甲乙两种零件总共所需的加工时间为$3x_1+6x_2$,它们不能超过计划期内车床的有效台时240,则有

$$3x_1+6x_2 \leqslant 240$$

同理,在铣床上甲、乙两种零件总共所需的加工时间为$6x_2$,它不能超过计划期内铣床的有效台时180.则有

$$6x_2 \leqslant 180$$

同理,磨床的约束条件为

$$5x_1+4x_2 \leqslant 310$$

此外,甲、乙两种零件的产量不能是负数,则有

$$x_1 \geqslant 0, x_2 \geqslant 0$$

由此便得到所有约束条件构成的方程组

$$\begin{cases} 3x_1+6x_2 \leqslant 240 \\ 5x_1+4x_2 \leqslant 310 \\ 6x_2 \leqslant 180 \\ x_1 \geqslant 0 \\ x_2 \geqslant 0 \end{cases}$$

(3)建立目标函数

所谓建立目标函数,就是把要求达到的目标与变量之间的关系用数学式表达出来.在实际问题中,目标通常是产值最大或利润最大,成本最小或费用最小,等

等.

例2 目标是产值最大. 已知甲零件单价为50元, 乙零件单价为60元, 则甲、乙两种零件的总产值 Z 应是

$$Z = 50x_1 + 60x_2$$

这就是目标函数.

该问题的完整数学表达式如下所示:

求 x_1, x_2 的值, 使它们满足下列约束条件

$$\begin{cases} 3x_1 + 6x_2 \leqslant 240 & (10) \\ 5x_1 + 4x_2 \leqslant 310 & (11) \\ 6x_2 \leqslant 180 & (12) \\ x_1 \geqslant 0 & (13) \\ x_2 \geqslant 0 & (14) \end{cases}$$

并使目标函数 $Z = 50x_1 + 60x_2$ 的值最大.

有了数学表达式, 就可利用作图的方法来求解了.

先在直角坐标系中画出约束条件所限定的可行区域.

取一直角坐标系, 横轴代表零件甲的产量 x_1, 纵轴代表零件乙的产量 x_2.

画不等式(10)即 $3x_1 + 6x_2 \leqslant 240$ 的区域. 由于该约束条件为不等式, 故应先将不等式(10)取等号, 变成方程

$$3x_1 + 6x_2 = 240 \qquad (15)$$

方程(15)被称为该约束条件的临界方程, 它表示一条直线, 这条直线就是约束条件的临界线. 在坐标系中很容易找到满足方程(15)的两个点 $A_1(80, 0)$, $A_2(0, 40)$(图12.14).

联结 A_1, A_2 两点, 就可在坐标系中画出方程(15)所代表的直线. 这条直线就是约束条件(10)的临界

极值与最值

线.满足的约束条件(10)的区域,即为图中临界线下方用阴影表示的部分.

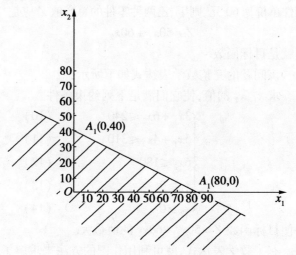

图 12.14

同理,可以画出满足的约束条件(11) $5x_1 + 4x_2 \leqslant 310$ 的区域(图 12.15).

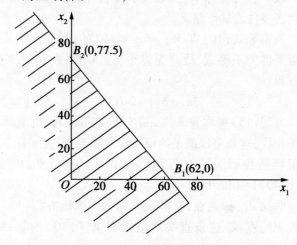

图 12.15

满足约束条件(12)$6x_2 \leqslant 180$的区域(图12.16).

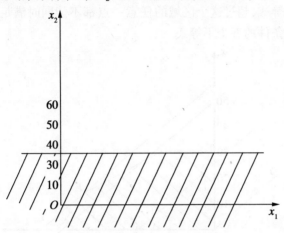

图 12.16

约束条件(13)$x_1 \geqslant 0$和约束条件(14)$x_2 \geqslant 0$所表示的区域(图12.17).

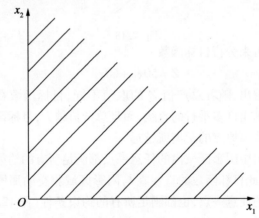

图 12.17

由所有约束条件限定的可行区域,实际上就是五个不等式所构成的共同区域(图12.18阴影表示的区

极值与最值

域).在这区域内的任意一点都满足约束条件的五个不等式,超过这个区域的任意一点都不能同时满足约束条件的五个不等式.

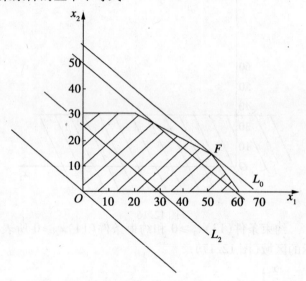

图 12.18

再来分析目标函数

$$Z = 50x_1 + 60x_2$$

可以看出,随着总产值 Z 的取值不同,目标函数在图上可画出许多平行的直线,而且总产值越大,目标函数的直线离原点的距离就越远.

图中阴影区域内的任意一点都满足所有的约束条件,因此目标函数的直线在与阴影区域相交的那段线段上的任意一点,也都满足所有的约束条件(图 12.18 中直线 L_2 上的 DG 一段).由于线性规划问题的解既要满足约束条件,又要使目标函数最大(或最小).因此反映到图上就变为:在目标函数所有的平行线中,找

第12章 线性规划问题

出一条既与阴影区域相交,又距离原点最远(或最近)的直线.这条直线与阴影区域的相交点,就是该线性规划问题的最优解.

在这个例题中,先令总产值为 3 000,则有目标函数:$50x_1 + 60x_2 = 3\ 000$. 在图中画出这条直线 L_1,然后将这条直线向背离原点的方向平行移动,最后得到一条既与阴影区域相交,又离原点距离最远的直线 L_0. 这条直线和阴影区域的交点 F 的坐标,就是该问题的最优解. 由图可以粗略读出点 F 的坐标为 $x_1 = 50, x_2 = 15$. 由于点 F 是约束条件(10)和(11)的临界线的交点,所以该值还可以通过下面的临界方程组来求解精确值. 即

$$\begin{cases} 3x_1 + 6x_2 = 240 \\ 5x_1 + 4x_2 = 310 \end{cases}$$

解得　　　　　$x_1 = 50, x_2 = 15$

总产值　$Z = 50 \times 50 + 60 \times 15 = 3\ 400 (元)$

由此得知,在计划期内生产甲零件 50 件,乙零件 15 件,可使总产值最大.

至此,可以把图解法的步骤简要归纳如下:

(1)按实际问题的要求列出数学表达式;

(2)在坐标图上画出约束条件所限定的可行区域;

(3)找出一条既与可行区域相交,又距离原点最远(或最近)的目标函数直线;

(4)求这条直线与可行区域的交点坐标,即得最优解.

用图解法解决资源分配问题有其直观和简便之处,求解其他问题同样也有其他越性. 如在经营管理中还常常遇到用几种价格不同的原料按照一定的成分比

极值与最值

例配制产品的问题,这个问题要求确定的配料方案既保证产品所含的各种成分符合要求,又使产品的成本最低. 图解法同样适用于解决这类问题.

例3 前哨化工厂的一种新产品,要求含甲、乙、丙、丁四种成分. 在这批制品中要求各成分的含量为:甲大于或等于60kg,乙大于或等于40kg,丙大于或等于140kg,丁小于或等于16kg. 目前在该厂所能买到的 A,B 两种原料中,甲、乙、丙、丁的含量分别为:A 含甲 30%,含乙 10%,含丙 20%;B 含甲 10%,含乙 10%,含丙 70%,含丁 5%. A,B 两种原料的价格分别为 20 元/kg、15 元/kg. 如何确定配料方案,才能产品成本最低?

为了清楚起见,将已知条件列表3如下:

表3

单位原料含量(%) 成份 \ 原料	A	B	产品对各成份的含量要求(kg)
甲	30	10	≥60
乙	10	10	≥40
丙	20	70	≥140
丁		5	≤16
原料单价(元)	20	15	

先列出数学表达式:

这个问题实际上是确定 A,B 两种原材料的数量,使其满足产品对四种成分的要求,且原材料成本最低. 从前面介绍的原则得知,这里应设 A 原料和 B 原料的购买量分别为 x_1, x_2.

由于 A 原料含甲 30%，x_1 kg A 原料共含甲 $0.3x_1$ kg；B 原料含甲 10%，x_2 kg B 原料共含甲 $0.1x_2$ kg. A,B 两种原料所含甲的数量总和应该符合产品对甲的需要量的要求，即大于或等于 60kg. 由此得出约束条件

$$0.3x_1 + 0.1x_2 \geqslant 60$$

同理可列出

$$0.1x_1 + 0.1x_2 \geqslant 40$$
$$0.2x_1 + 0.7x_2 \geqslant 140$$
$$0.05x_2 \leqslant 16$$

此外，由于 A,B 原料的数量不能为负数，则有

$$x_1 \geqslant 0$$
$$x_2 \geqslant 0$$

目标是产品总成本最低，在这里实际上就是所需的 A,B 两种原料的总成本最低. 因此目标函数为：总成本 $Z = 20x_1 + 15x_2$ 获最小值. 综上所述，可得：求 x_1，x_2 的值，使它们满足如下约束条件

$$\begin{cases} 3x_1 + x_2 \geqslant 600 & (16) \\ x_1 + x_2 \geqslant 400 & (17) \\ 2x_1 + 7x_2 \geqslant 1\,400 & (18) \\ 5x_2 \leqslant 1\,600 & (19) \\ x_1 \geqslant 0 & (20) \\ x_2 \geqslant 0 & (21) \end{cases}$$

并使目标函数 $Z = 20x_1 + 15x_2$ 的值最小.

按照前面所讲的方法画出约束条件的可行区域（图 12.19 阴影部分）.

然后再在图上画出目标函数的任意一条直线. 这里不妨令总成本 Z 为 12 000，则有

<u>极值与最值</u>

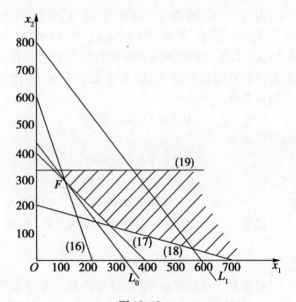

图 12.19

$$20x_1 + 15x_2 = 12\,000$$

在图上画出这条直线 L_1，将它平行移动寻找符合条件的位置．由于直线离原点越近，目标函数 Z 的值越小．本例要求目标函数取得最小值，因此应将目标函数直线移至既与阴影区域相交，又距离原点最近的位置来找交点．如图 12.19 所示．目标函数直线最后移到 L_0 位置，符合既与阴影区域相交，又距离原点最近的条件．找到交点 F，即求得该问题的最优解．

由图 12.19 看出，点 F 是两直线(16)和(17)的交点，从图上读出的该点坐标值，即为这一实际问题的最优解．为了得到精确值，将两直线(16)和(17)的方程联立，求出 x_1 和 x_2

$$\begin{cases} 3x_1 + x_2 = 600 \\ x_1 + x_2 = 400 \end{cases}$$

解得 $x_1 = 100, x_2 = 300$

将 x_1, x_2 代入目标函数计算得到总成本

$Z = 20 \times 100 + 15 \times 300 = 6\,500(元)$

该问题的最优方案为:购买 A 原料 100kg,B 原料 300kg,可使产品的各种成分达到要求,并且总本成最低.

例4 甲、乙两煤矿供 A, B, C 三个城市用煤,两矿的日产量和三个城市的日需量如图 12.20 所示(单位:t),线段上的数字表示距离(单位:km). 怎样调拨才使运输的吨千米数最小?

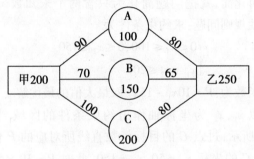

图 12.20

解 设甲矿供应 A, B, C 三城市的煤量分别为 x_1, x_2, x_3;乙矿供应 A, B, C 三城市的煤量分别为 y_1, y_2, y_3. 根据题意应该有

$$\begin{cases} x_1 + x_2 + x_3 = 200 \\ y_1 + y_2 + y_3 = 250 \\ x_1 + y_1 = 100 \\ x_2 + y_2 = 150 \\ x_3 + y_3 = 200 \\ x_1 \geq 0, x_2 \geq 0, x_3 \geq 0 \\ y_1 \geq 0, y_1 \geq 0, y_3 \geq 0 \end{cases} \quad (22)$$

所以，只要求

$$m = 90x_1 + 70x_2 + 100x_3 + 80y_1 + 65y_2 + 80y_3$$

取得最小值即可.

消去 y_1, y_2, y_3，于是上述问题化为求满足约束条件

$$\begin{cases} x_1 + x_2 + x_3 = 200 \\ 0 \leqslant x_1 \leqslant 100, 0 \leqslant x_2 \leqslant 150, 0 \leqslant x_3 \leqslant 200 \end{cases}$$

下，而使目标函数 $l = 10x_1 + 5x_2 + 20x_3$ 取得最小值.

再化简，就把问题简化为只含两个未知数 x_1, x_2 的线性规则问题：求约束条件为

$$\begin{cases} 0 \leqslant x_1 \leqslant 100, 0 \leqslant x_2 \leqslant 150 \\ x_1 + x_2 \leqslant 200 \end{cases}$$

目标函数为：$P = 10x_1 + 15x_2$ 取最大值的最优解.

以 x_1, x_2 为坐标轴作出约束条件的区域. 如图 12.21 所示，过点 C 的目标函数直线所对应的 P 值最大. 点 C 的坐标 $x_1 = 50, x_2 = 150$，此时 $P = 10 \times 50 + 15 \times 150 = 2\ 750$. 由此得最优解为

$$\begin{cases} x_1 = 50, x_2 = 150, x_3 = 0 \\ y_1 = 50, y_2 = 0, y_3 = 200 \end{cases}$$

这就是说，甲矿供应 A 城 50t，B 城 150t，乙矿供应 A 城 50t，C 城 200t，是运费最省的方案，此时 $m = 35\ 000$.

由以上几例，把含有两个变量的线性规则问题的图像解法可以归纳为以下几个步骤：

(1) 从问题条件写出约束条件，它们用一组线性不等式表示，再写出目标函数 $m = ax + by$；

(2) 求出不等式组的图像，它是平面上几条直线所围成的一个凸区域，称为可解区域；

第12章 线性规划问题

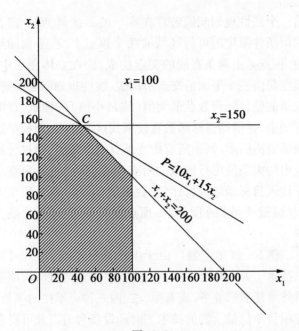

图 12.21

(3) 求出可解区域的各顶点坐标,把各点坐标代入目标函数求出相应的值,从中找出符合目标函数的最优解.

2. 枚举法

假如例2中需要加工三种零件,或者例3中用于配料的是三种原料,那么将以上问题列成数学表达式就有三个变量. 三个变量的问题不能由平面图形来求解,但可通过立体图形(三个轴构成的立体坐标系)来求解. 不过,绘制立体图很麻烦,步骤繁琐且难以画清,所以立体图解法的适用价值不大.

枚举法实际上是仿照立体图解法的原理,利用代数式的不同组合来获得作图效果. 从图解过程可以看

极值与最值

出一个线性规划问题若存在唯一的最优解,则一定在约束条件限定的可行区域的某个顶点上. 在平面图形中,顶点是由两条直线的交点构成,而在立体图形中,顶点是由三个平面的交点所构成. 线性规划问题的解,就是能使目标函数获最大值(或最小值)的顶点. 在图解法中,是借助目标函数直线来找这个顶点. 而枚举法则是脱离图形,列出所有构成顶点的方程组,通过计算找出约束条件可行区域的所有顶点,然后将各顶点坐标代入目标函数进行比较,找出能使目标函数获最大值(或最小值)的顶点,该顶点坐标就是问题的最优解.

例5 红星电器厂由于生产任务不足,每月可抽出技术工人 240 个工作日,设备 360 个有效台时,用于对外承接装修业务. 现有甲、乙、丙三种可承接的项目,各项目单位量所需的技术工时和设备台时以及可得利润见表4. 如何安排对外承接业务,才能使利润最大?

表4

单位消耗资源 \ 项目	甲	乙	丙	可供量
技术工人工时(天)	3	4	8	240
设备(台时)	9	4	20	360
单位利润(元)	50	60	70	

先列出问的数学表达式. 设甲、乙、丙三种项目的承接量分别为 x_1, x_2, x_3. 甲项目占用技术工时 $3x_1$,乙项目为 $4x_2$,丙项目为 $8x_3$,它们的总和不能超过可抽出的总工时,则

$$3x_1 + 4x_2 + 8x_3 \leqslant 240$$

甲项目占用设备台时 $9x_1$，乙项目为 $4x_2$，丙项目为 $20x_3$，它们的总和不能超过设备的有效台时

$$9x_1 + 4x_2 + 20x_3 \leqslant 360$$

各种项目的承接量都不应是负数

$$x_1 \geqslant 0, x_2 \geqslant 0, x_3 \geqslant 0$$

目标是对外承接任务的利润 Z 最大

$$Z = 50x_1 + 60x_2 + 70x_3$$

将上述表达式归纳如下：

求 x_1, x_2, x_3 的值，使它们满足如下约束条件

$$\begin{cases} 3x_1 + 4x_2 + 8x_3 \leqslant 240 & (23) \\ 9x_1 + 4x_2 + 20x_3 \leqslant 360 & (24) \\ x_1 \geqslant 0 & (25) \\ x_2 \geqslant 0 & (26) \\ x_3 \geqslant 0 & (27) \end{cases}$$

并使目标函数

$$Z = 50x_1 + 60x_2 + 70x_3$$

的值最大。

根据枚举法的含义，就是要把约束条件所有方程式取三个一组进行组合，每一组方程的解就是一个顶点的坐标．所有可能的组合就构成了所有的顶点．

例5 的约束条件共有五个不等式，先将其全部取等号，暂作等式方程处理．再将每三个方程式列为一组，联立求解．五个方程式的各种组合方式如下（共10组）：

第1组：(23)，(24)，(25)

极值与最值

$$\begin{cases} 3x_1 + 4x_2 + 8x_3 = 240 \\ 9x_1 + 4x_2 + 20x_3 = 360 \\ x_1 = 0 \end{cases}$$

解得 $x_1 = 0, x_2 = 40, x_3 = 10$

则 $Z = 50x_1 + 60x_2 + 70x_3 = 3\ 100\ (元)$

第 2 组：(23),(24),(26)

$$\begin{cases} 3x_1 + 4x_2 + 8x_3 = 240 \\ 9x_1 + 4x_2 + 20x_3 = 360 \\ x_2 = 0 \end{cases}$$

解得 $x_1 = -160, x_2 = 0, x_3 = 90$

则 $Z = 50x_1 + 60x_2 + 70x_3 = -1\ 700\ (元)$

第 3 组：(23),(24),(27)

$$\begin{cases} 3x_1 + 4x_2 + 8x_3 = 240 \\ 9x_1 + 4x_2 + 20x_3 = 360 \\ x_3 = 0 \end{cases}$$

解得 $x_1 = 20, x_2 = 45, x_3 = 0$

则 $Z = 50x_1 + 60x_2 + 70x_3 = 3\ 700\ (元)$

第 4 组：(23),(25),(26)

$$\begin{cases} 3x_1 + 4x_2 + 8x_3 = 240 \\ x_1 = 0 \\ x_2 = 0 \end{cases}$$

解得 $x_1 = 0, x_2 = 0, x_3 = 30$

则 $Z = 50x_1 + 60x_2 + 70x_3 = 2\ 100$

第 5 组：(24),(25),(26)

$$\begin{cases} 9x_1 + 4x_2 + 20x_3 = 360 \\ x_1 = 0 \\ x_2 = 0 \end{cases}$$

解得 $x_1=0, x_2=0, x_3=18$
则 $Z=50x_1+60x_2+70x_3=1\,260(元)$

第6组:(23),(26),(27)
$$\begin{cases} 3x_1+4x_2+8x_3=240 \\ x_2=0 \\ x_3=0 \end{cases}$$
解得 $x_1=80, x_2=0, x_3=0$
则 $Z=50x_1+60x_2+70x_3=4\,000(元)$

第7组:(24),(26),(27)
$$\begin{cases} 9x_1+4x_2+20x_3=360 \\ x_2=0 \\ x_3=0 \end{cases}$$
解得 $x_1=40, x_2=0, x_3=0$
则 $Z=50x_1+60x_2+70x_3=2\,000(元)$

第8组:(23),(25),(27)
$$\begin{cases} 3x_1+4x_2+8x_3=240 \\ x_1=0 \\ x_3=0 \end{cases}$$
解得 $x_1=0, x_2=60, x_3=0$
则 $Z=50x_1+60x_2+70x_3=3\,600(元)$

第9组:(24),(25),(27)
$$\begin{cases} 9x_1+4x_2+20x_3=360 \\ x_1=0 \\ x_3=0 \end{cases}$$
解得 $x_1=0, x_2=90, x_3=0$
则 $Z=50x_1+60x_2+70x_3=5\,400(元)$

第10组:(25),(26),(27)

极值与最值

$$\begin{cases} x_1 = 0 \\ x_2 = 0 \\ x_3 = 0 \end{cases}$$

则 $Z = 50x_1 + 60x_2 + 70x_3 = 0$

这里每一组解都是一个顶点的坐标,但不一定都是约束条件可行区域的顶点. 因为可行区域必须满足所有的约束条件. 该例约束条件有五个不等式,而求顶点是用三个方程式作为一组联立求解的,因此要判断其是否为可行区域的顶点,就应该将每组方程的解,代入未编入该组的另外两个不等式中进行检验. 若代入后其他两个不等式能够成立,则该顶点是可行区域的顶点. 反之,则不是可行区域的顶点. 代入目标函数进行比较的是行区域的顶点,因此应先把不是可行区域的顶点删去.

为了清晰起见,把以上 10 组方程的组合形式、方程组的解,以及对应的目标函数值列成下表 5,并逐组将解代入未编入该组的不等式中进行检验,判断其是否为可行区域的顶点.

表 5

方程的组合形成	x_1	x_2	x_3	目标函数值 Z	顶点检验结果
(23)(24)(25)	0	40	10	3 100	是
(23)(24)(26)	-160	0	90	-1 700	否
(23)(24)(27)	20	45	0	3 700	是
(23)(25)(26)	0	0	30	2 100	否
(24)(25)(26)	0	0	18	1 260	是

第 12 章　线性规划问题

续表 5

方程的组合形成	x_1	x_2	x_3	目标函数值 Z	顶点检验结果
(23)(26)(27)	80	0	0	4 000	否
(24)(26)(27)	40	0	0	2 000	是
(23)(25)(27)	0	60	0	3 600	是
(24)(25)(27)	0	90	0	5 400	否
(25)(26)(27)	0	0	0	0	是

将(23),(24),(25)组合的解 $x_1=0$, $x_2=40$, $x_3=10$ 代入不等式(26),(27)中,不等式成立,该顶点是可行区域顶点.

(23),(24),(26)组合的解: $x_1=-160$, $x_2=0$, $x_3=90$. 由于 $x_1=-160\le 0$,不等式(25)不能成立,因此该顶点不是可行区域顶点.

同理,对其他各组进行检验,结果如上表所示.

从表中可看出,在十个顶点中,共有六个顶点是可行区域顶点;在所有可行区域的顶点中,(23),(24),(27)组合的顶点坐标使目标函数获最大值为 3 700 元,因此该组合的解就是问题的最优解.即每月承接 20 个甲项目,45 个乙项目,可使对外承接业务的利润最大.

至此,可以把枚举法解题步骤归纳如下:

(1)按实际要求列出数学表达式;

(2)找出所有能够构成顶点的方程组,求各方程组的解(即各顶点坐标)和对应的目标函数值;

(3)检验各顶点是否为可行区域顶点;

(4)比较各可行区域顶点对应的目标函数值的大

小,按题意要求,找出使目标函数获最大值或最小值的顶点,该顶点坐标就是问题的最优解.

采用枚举法解决合理利用资源的问题,只宜求解三个变量以内的线性规划问题;若超过三个变量,采用这种方法求解就比较麻烦.

3. 辅助图表法

在企业的生产活动中,常常需要将原材料按加工零件的要求截取成各种规格的毛坯,然后进行加工,这就是下料问题. 下料方案是否合理,对于充分利用原材料,避免浪费有很大影响.

辅助图表法非常适合解决下料问题. 它是以直角坐标方格图作为一种辅助手段,利用图形直观的特点,先找出所有可能的截料方法,然后按配套要求进行组合,从中选出最优下料方案.

例6 红光机械厂毛坯车间要用长 1.8m 的圆钢,截取长度分别为 0.5m 和 0.4m 两种棒料. 这两种棒料的需要量分别为 300 根和 100 根. 怎么截取才能使所用的圆钢数量最少?

这就是典型的下料问题. 现分两个步骤来讨论.

(1)找出所有的截料方法

在处理下料问题时,通常需要先找出所有的截料方法,然后从中选出一种或几种进行组,才能确定合理的下料方案.

借助辅助图表,可很快地找出所有的截料方法.

画辅助图表之前,先要列出满足所有截料方法的不等式. 设在 1.8m 长的圆钢上可截出 0.4m 的棒料 x_1 段,0.5m 的棒料 x_2 段,那么每种截料方法都应满足不等式

$$0.4x_1 + 0.5x_2 \leq 1.8$$

取一直角坐标系,横轴表示 0.4m 棒料的段数 x_1,纵轴表示 0.5m 棒料的段数 x_2. 由于 x_1 和 x_2 都不能是负数,所以图上只要画出第一象限就够了. 由于 x_1, x_2 只能是整数,故在图上把 x_1, x_2 的所有正整数用横线和纵线画出. 形成一个方格图. 每个横纵线的交点都代表 x_1, x_2 的一对正整数值. 这就是辅助图表(图12.22). 然后在图上画出不等式的图像.

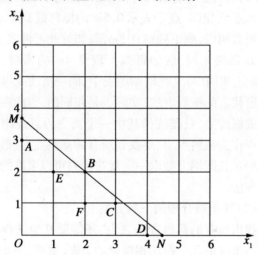

图 12.22

先将不等式取等号变成方程

$$0.4x_1 + 0.5x_2 = 1.8$$

在图上找到 $M(0,3.6)$ 与 $N(4.5,0)$ 两个点,联结 M, N,便得到该方程的直线. 显然,满足不等式并保证 x_1, x_2 正整数的点均在 x_1 轴、x_2 轴和 MN 直线所围的三角形内,也就是三角形内的各个交点. 因此所有截料方法都在这些交点上.

极值与最值

点 $A(x_1=0, x_2=3)$ 表示截 0.5m 的棒料 3 段,残料 0.3m;点 $B(x_1=2, x_2=2)$ 表示截 0.4m 的棒料 2 段,0.5m 的 2 段,没有残料;点 $C(x_1=3, x_2=1)$ 表示截 0.4m 的 3 段,0.5m 的 1 段,残料 0.1m;点 $D(x_1=4, x_2=0)$ 表示截 0.4m 的 4 段,残料 0.2m.

图 12.22 中三角形内的其他各点,点 E 表示 0.5m 的棒料截 2 段,0.4m 的棒料截 1 段,剩下残料 0.4m,0.4m 的残料正好符合尺寸要求,因此这个点的截法实际上和点 B 相同. 点 F 表示 0.5m 的棒料截 1 段,0.4m 的棒料截两段,剩下残料 0.5m,假如就此不再截了,则和点 B 截法相同,假如再截 1 段 0.4m 的棒料,则和点 C 截法相同. 可见在辅助图表中,同一横线或纵线上的点所代表的截料方法,实际上是相同的. 因此在每根横线或纵线上,只需选择其中一个离方程直线距离最近的点作为截料点. 只要找到所有的截料点,就得到了在一根定长圆钢上截取一定规格棒料可以采取的全部截料方法.

(2) 找出最合理的下料方案

找出所有的截料方法之后,还需要从中选择最合理的一个或由几个截法相组合的方案. 显然,例 6 中假如所截的棒料没有配套要求,截多少算多少,那么,点 B 的截法是最合理的,因为它的截料点 B 刚好落在方程的直线上,按这种截法下料,没有残料,材料的利用率达 100%.

然而本例要求 0.5m 的棒料 300 根,0.4m 的棒料 100 根. 也就是 0.4m 棒料的段数 x_1 与 0.5m 棒料的段数 x_2 之比是 1:3,即 $3x_1=x_2$.

在辅助图表上画出上式的直线 OP,称之为配套线

142

(图12.23).

只有落在配套线上的截料点才符合配套要求.若配套线上没有截料点,就需要将两个以上的截法进行组合.

由图12.23可知,位于配套 OP 右下方的截料点,0.5m棒料的段数 x_2 小于配套的要求,如点 B,0.4m的2段,0.5m的2段,$x_1:x_2=1:1$;配套线左上方的截料点,0.4m棒料的段数 x_1 小于配套的要求,如点 A,0.4m的没有,0.5m的3段,$x_1:x_2=0:3$.因此要满足配套要求,必须由配套线两侧的截料点互相搭配,组成下料方案.仅用配套线同一侧的截料点进行组合,不能满足配套要求.

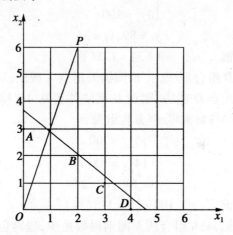

图12.23

该例由配套线两侧的截料点进行组合只存在三种形式,即 A 和 B,A 和 C,A 和 D. 比较这三种组合形式,看其中哪种组合方案最合理.

A,B 组合:设取 y_1 根圆钢采用点 A 截法,取 y_2 根

极值与最值

圆钢采用点 B 截法.则点 A 截法共得 0.5m 棒料 $3y_1$ 段,0.4m 棒料为零;点 B 截法共得 0.5m 棒料 $2y_2$ 段,0.4m 棒料 $2y_2$ 段.0.5m 棒料需要 300 段,0.4m 的需要 100 段,列出二元一次方程组

$$\begin{cases} 3y_1 + 2y_2 = 300 \\ 2y_2 = 100 \end{cases}$$

解得 $y_1 = 67, y_2 = 50$
共需圆钢 $67 + 50 = 117$(根)

A, C 组合:设取 y_1 根圆钢采用点 A 截法,取 y_2 根圆钢采用点 C 截法.则点 C 截法共得 0.5m 棒料 y_2 段,0.4m 棒料 $3y_2$ 段.根据题意列方程组为

$$\begin{cases} 3y_1 + y_2 = 300 \\ 3y_2 = 100 \end{cases}$$

解得 $y_1 = 89, y_2 = 34$
共需圆钢 $89 + 34 = 123$(根)

A, D 组合:设取 y_1 根圆钢采用点 A 截法,取 y_2 根圆钢采用点 D 截法.则点 D 截法共得 0.4m 棒料 $4y_2$ 段,0.5m 棒料为零.列方程组为

$$\begin{cases} 3y_1 = 300 \\ 4y_2 = 100 \end{cases}$$

解得 $y_1 = 100, y_2 = 25$
共需圆钢 $100 + 25 = 125$(根)

可见,A, B 组合所需圆钢根数最少,残料也最少.由于由两个截料点组合的下料方案只有以上三种,故 A, B 组合方案就是本例最合理的下料方案.

从例 6 的求解过程,可以归纳出辅助图表法的解题步骤如下:

(1)列出满足所有截料方法的不等式;

第12章 线性规划问题

(2) 画出辅助图表,找出所有可能的截料方法;

(3) 作出配套线,若配套线上存在截料点,则该截料方法最合理;

(4) 若配套线上没有截料点,则将配套线两侧的截料点进行组合,从中找出最合理的下料方案.

利用辅助图表法,还可以解决在一根定长原料或定面积板料上同时截取三种规格的毛坯的下料问题. 下面通过例7来介绍这种方法.

例7 某企业为了适应新型包装的需要,希望把146cm 宽的卷筒塑料薄膜截剪 58cm,42cm,30cm 宽的三种规格,每种规格各需 100 卷. 怎样截料才能使所用的卷筒塑料薄膜最少?

设在一个卷筒上可以截 58cm 宽的规格 x_1 段,42cm 宽的 x_2 段,30cm 宽的 x_3 段,则每种截料方法必须满足不等式

$$58x_1 + 42x_2 + 30x_3 \leqslant 146$$

该例有三个变量,无法直接画出辅助图表. 但如果能设法使某一变量固定不变,就可以将其转化为可由辅助图表解决的问题.

现在来分析在一个卷筒上所截 58cm 宽的段数 x_1. 很明显,因为在 146cm 宽的卷筒上,最多只能截出 2 段 58cm 宽的塑料薄膜卷. 因此 x_1 只能取 0,1,2 三个数值. 若分别考察这三种情况,x_1 就变成常量了. 这样,问题就只有两个变量,可以利用辅助图表进行求解了.

取一直角坐标系,横轴表示 x_2,纵轴表示 x_3(图12.24).

极值与最值

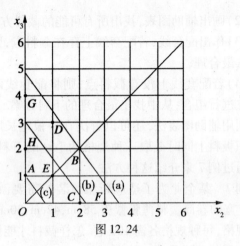

图 12.24

情况 1：假定 $x_1=0$，也就是说，在 146cm 宽的卷筒上不截 58cm 宽的规格，全部用来截 42cm，30cm 宽的两种规格，那么 x_2 和 x_3 应满足不等式

$$42x_2+30x_3\leqslant 146$$

取等号并在图上画出这条直线(a)．

情况 2：假定 $x_1=1$，也就是说，在 146cm 宽的卷筒上先截一段 58cm 宽的规格，剩下的用来截 42cm，30cm 宽两种规格，那么 x_2 和 x_3 应满足不等式

$$58+42x_2+30x_3\leqslant 146$$

取等号并在图上画出这条直线(b)．

情况 3：假定 $x_1=2$，也就是说，在 146cm 宽的卷筒上先截两段 58cm 宽的规格，剩下的用来截 42cm，30cm 宽两种规格，那么 x_2 和 x_3 应满足不等式

$$58\times 2+42x_2+30x_3\leqslant 146$$

取等号并在图上画出直线(c)．

在图中找出截料点．由于这里分为三种情况，所以找截料点应该按三条直线找，即找出靠近每条直线的

整数点.

注意:各截料点的坐标应该有三个数值,除图上的 x_2 和 x_3,不要漏掉假定的 x_1 值. 每个点的 x_1 值应由它所靠近的直线决定. 如点 A 在直线 c 上, $x_1=2$;点 E 靠近直线 b, $x_1=1$.

为了清楚起见,将各截料点的截法列表(表6)如下:

表6

截料点	坐标	截法	残料
A	$x_1=2, x_2=0, x_3=1$	$58\times2+30$	0
B	$x_1=0, x_2=x_3=2$	$42\times2+30\times2$	2
C	$x_1=1, x_2=2, x_3=0$	$58+42\times2$	4
D	$x_1=0, x_2=1, x_3=3$	$42+30\times3$	14
E	$x_1=1, x_2=1, x_3=1$	$58+42+30$	16
F	$x_1=0, x_2=3, x_3=0$	42×3	20
G	$x_1=0, x_2=0, x_3=4$	30×4	26
H	$x_1=1, x_2=0, x_3=2$	$58+30\times2$	28

由于有配套要求($x_1:x_2:x_3=1:1:1$),在图12.24中画出 x_2 和 x_3 的配套线($x_2=x_3$),然后按上表中所列残料由少到多的顺序进行组合,找到既满足配套要求又使残料最少的方案.

截料点 A 在配套线的上方, x_3 过剩而 x_2 不足. 按残料由少到多的顺序再取点 B,点 B 在配套线上,但由于点 B 的 $x_1=0$,并不满足所有的配套要求,同样不能单独成为一个方案. 用点 B 与配套线上方的点 A 组合,显然, x_3 仍恒大于 x_2,这种组合也不可能得到符合配套要求的下料方案. 在配套线下方再选一个残料最少的点 C 进行组合.

极值与最值

A,B,C 组合. 设取 y_1 个卷筒采用点 A 截法. 取 y_2 个卷筒采用点 B 截法, 取 y_3 个卷筒采用点 C 截法. 则 A 点截法, 得 58cm 宽的两段, 30cm 宽的一段; 点 B 截法, 得 42cm 宽的两段, 30cm 宽的两段; 点 C 截法, 得 58cm 的一段, 42cm 宽的两段. 三种宽度的塑料薄膜各需 100 卷. 则有

$$\begin{cases} 2y_1 + y_3 = 100 \\ 2y_2 + 2y_3 = 100 \\ y_1 + 2y_2 = 100 \end{cases}$$

解得 $y_1 = 40, y_2 = 30, y_3 = 20$

也就是说, 最合理的截料方案为: 取卷筒 40 个采用点 A 截法, 30 个采用点 B 截法, 20 个采用点 C 截法, 共用塑料薄膜卷筒 90 个. 采用这种截法, 既可满足配套要求, 又使塑料薄膜的用量最少.

辅助图表法是一种经验解法, 图表只能起一些辅助作用. 一般地说, 简单的下料问题采用这种方法, 都能顺利地找到合理方案.

用上面介绍的方法, 例 8 的优化问题可做如下解决.

从例 8 的表 6 中可以看出, 各种资源的可供量和需要量这间的关系都比较明确, 只有 500 根圆钢可生产多少件乙产品还不够明朗, 因此首先要解决圆钢的下料问题.

例8 已知每件乙产品需要长 800mm 的棒料 15 段, 长 600mm 的棒料 45 段. 500 根长 2 000mm 的圆钢上下料, 要求最大限度地利用这些材料.

解 设在一根长 2 000mm 的圆钢上可截 800mm 的棒料 x_1 段, 600mm 的棒料 x_2 段, 那么每种下料方法都应满足不等式

$$800x_1 + 600x_2 \leqslant 2\ 000$$

取等号变成方程,并在坐标图(图 12.25)上画出该方程的直线(a).

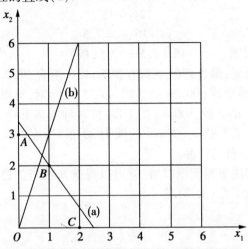

图 12.25

在图中找到截料点 A, B, C. 配套要求
$$x_1 : x_2 = 15 : 45 = 1 : 3$$
即
$$3x_1 = x_2$$

画出这条配套线(b). 由于配套线上没有截料点,为了满足配套要求,需要由配套线两侧的截料点搭配组合下料方案.

A, B 组合:设取 y_1 根圆钢采用点 A 截法,取 y_2 根圆钢采用点 B 截法则有
$$\begin{cases} 3y_1 + 2y_2 = 45 \\ y_2 = 15 \end{cases}$$

解得 $\qquad y_1 = 5, y_2 = 15$

共需圆钢 $\qquad 5 + 15 = 20(根)$

A, C 组合:设取 y_1 根圆钢采用点 A 截法,取 y_2 根

极值与最值

圆钢采用点 C 截法,则有
$$\begin{cases} 3y_1 = 45 \\ 2y_2 = 15 \end{cases}$$
解得 $y_1 = 15, y_2 = 7.5$

共需圆钢 $15 + 7.5 = 22.5$(根)

可见,最合理的下料方案为 A,B 组合:取 5 根圆钢,每根截成 600mm 的 3 段;取 15 根圆钢,每根截成 600mm 的 2 段,800mm 的 1 段。按这种方案下料,每件乙产品需要长 2 000mm 的圆钢 20 根,所有的圆钢可生产 25 件乙产品。

解决下料问题以后,就可以将例 8 所有的已知条件列成下表(表 7).

表 7

单位产品消耗量 \ 产品 \ 资源	甲	乙	可供量
电(万度)	0.3	0.5	15
煤(t)	0.5	0.2	9.8
生铁(t)	1		15
φ100 × 2000mm 圆钢(根)		20	500
技术工人工时(天)	600	240	18 000
单位产品利润(元/件)	5 000	3 000	

列出问题的数学表达式.

设甲产品的产量为 x_1,乙产品的产量为 x_2. 则数学表达为:

求 x_1, x_2 的值,使它们满足如下约束条件

$$\begin{cases} 0.3x_1 + 0.5x_2 \leqslant 15 \\ 0.5x_1 + 0.2x_2 \leqslant 9.8 \\ x_1 \leqslant 15 \\ 20x_2 \leqslant 500 \\ 600x_1 + 240x_2 \leqslant 18\,000 \\ x_1 \geqslant 0, x_2 \geqslant 0 \end{cases}$$

并使目标函数 $Z = 5\,000x_1 + 3\,000x_2$ 的值最大.

在图上画出约束条件的可行区域和既与可行区域相交又离原点最远的目标函数直线(图12.26),这条目标函数直线与可行区域交于点 F.

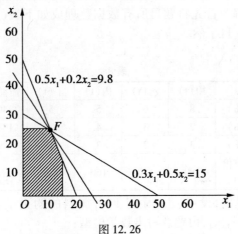

图 12.26

求点 F 的精确值.

由图可知点 F 是 $0.3x_1 + 0.5x_2 = 15$ 和 $0.5x_1 + 0.2x_2 = 9.8$ 两条直线的交点,将其联立求解

$$\begin{cases} 0.3x_1 + 0.5x_2 = 15 \\ 0.5x_1 + 0.2x_2 = 9.8 \end{cases}$$

解得 $x_1 = 10, x_2 = 24$

即生产甲产品 10 件,乙产品 24 件,是下季度生产

的最佳方案.照此安排生产计划,可获利润12.2万元,比按传统方法得到的方案的总利润增加1.4万元,提高近13%.线性规划的作用由此可见一斑.

例9(配料问题)　某地的农作物分别需氮肥2 400 t,磷肥1 080 t,钾肥750 t.现在甲、乙、丙、丁四种肥料可供选择,它们的含氮量分别为8%,6%,5%,5%;含磷量分别为2%,3%,4%,2%;含钾量分别为3%,2%,3%,1%.它们的价格180元/t,150元/t,160元/t,120元/t.问甲、乙、丙、丁四种肥料各应购买多少,才能既满足农作物的需要,又能使肥料的总费用为最小?

解　首先将题目所有数据整理成如下表(表8),使之一目了然.

表8

	甲(t)	乙(t)	丙(t)	丁(t)	需要量(t)
氮(%)	8	6	5	5	240 000
磷(%)	2	3	4	2	108 000
钾(%)	3	2	3	1	75 000
肥料单价(元)	180	150	160	120	

其次,设甲、乙、丙、丁四种肥料的购买量分别为x_1,x_2,x_3,x_4,由题意写出数学模型:

目标函数
$$\min z = 180x_1 + 150x_2 + 160x_2 + 120x_4$$

约束条件
$$\begin{cases} 8x_1 + 6x_2 + 5x_3 + 5x_4 \geq 240\ 000 \\ 2x_1 + 3x_2 + 4x_3 + 2x_4 \geq 108\ 000 \\ 3x_1 + 2x_2 + 3x_3 + x_4 \geq 75\ 000 \\ x_1, x_2, x_3, x_4 \geq 0 \end{cases}$$

这是一个线性规划问题. 用大 M 法解(过程略), 结果为购买甲种肥料 $\frac{11\,000}{3}$t, 乙种肥料 $\frac{82\,000}{3}$t, 丙种肥料不买, 丁种肥料 $\frac{82\,000}{3}$t, 丙种肥料不买, 丁种肥料 $\frac{28\,000}{3}$t, 既能满足农作物的需要, 又使肥料费用达到 5 880 千元的最小数字.

例 10(分派问题) 中国一学者在国际会议上, 准备用中文宣读一篇论文, 要分别译成英、德、法、俄四种语言, 请 A_1, A_2, A_3, A_4 四位翻译去完成这一任务, 每人均懂四国语言却只能翻一种语言. 因各人专长及水平不同, 他们翻译所需时间(min)如下表 9, 问应分派哪个人去完成哪项任务, 可使花费的总时间最少?

表 9

时间(min) 语言 翻译	英	德	法	俄
A_1	2	15	13	4
A_2	10	4	14	15
A_3	9	14	16	13
A_4	7	8	11	9

解 这是一个特殊的线性规划问题. 可用匈牙利法解得: A_1, A_2, A_3, A_4 分别去译俄、德、英、法语, 所花的时间最少, 总共 28min.

例 11 某同学拿 5 元钱买纪念邮票, 票面 4 分钱的每套 5 张, 8 分钱的每套 4 张, 如果每种至少买一

极值与最值

套,共有几种买法能否恰好将钱用光?怎样买剩钱最少?

这也是一个典型的整数规划问题. 若设票面 4 分钱的买 x 套,票面 8 分的买 y 套. 而邮票的套数一定要是整数;买票面 4 分钱的一套要花钱 $4 \times 5 = 20$(分);买票面 8 分钱的一套要花钱 $8 \times 4 = 32$(分). 问怎样买剩钱最少,就是问怎样买用钱最多. 依题意,有如下数学模型:

目标函数　　$\max z = 20x + 32y$

约束条件

$$\begin{cases} 20x + 32y \leqslant 500 \\ x \geqslant 1 \\ y \geqslant 1, 且 x,y 均为整数 \end{cases}$$

利用两个变量的图解法,本题的可行域是一个 $\triangle ABC$ 区域,见下图 12.27 阴影部分. 由于所买邮票的套数必须是整数,所以区域内的每一个整数网格点代表一种买法. 共有

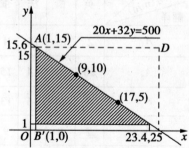

图 12.27

$(25 \times 16 - 4) \div 2 + 3 - 24 = 177$(种)

买法. 其中 25×16 表示长方形 $AB'C'D$ 中包括边界在内的整数网格点,对角线 AC' 上有 4 个整数网格点:

$(1,15)$,$(9,10)$,$(17,5)$,$(25,0)$. 目标函数 $z=20x+32y$ 的图像是一条等值线,最大值的目标函数的图像远离原点,与 AC 重合. 换言之, AC 上的点的 $z=500$. 而 AC 上只有 $(1,15)$,$(9,10)$,$(17,5)$ 三个整数网格点,意即:标面 4 分、8 分的邮票分别买 1 套、15 套或 9 套、10 套或 17 套、5 套. 这时恰好将 5 元钱用完.

可见,用数学规划的思想方法来分析、解决这类题目,目标明确,约束条件的图示形象,解法通俗易懂.

对于某些非线性问题的极值问题,也可以借助上面的方法来求解.

例 12(1984 年第 35 届美国中学数学竞赛题第 29 题) 对满足 $(x-3)^2+(y-3)^2=6$ 的所有实数对 (x,y),$\dfrac{y}{x}$ 的最大值应为( ).

A. $3+2\sqrt{2}$ B. $2+\sqrt{3}$

C. $3\sqrt{3}$ D. 6   E. $6+2\sqrt{3}$

解 由题意,问题可写成以下形式:

$$\max z=\dfrac{y}{x} \text{ 满足 } (x-3)^2+(y-3)^2=6.$$

这是一个非线性规划问题. 根据目标函数 $z=\dfrac{y}{x}$ 这一特点可将它写成一个线性函数 $y=zx$. 求 z 的最大值,即求该直线 $y=zx$ 的斜率最大,而约束条件是一个圆心在 $(3,3)$、半径为 $\sqrt{6}$ 的圆(图略). 满足约束条件的 $\dfrac{y}{x}$ 的最大值在切点 A 达到,即解

$$\begin{cases} y=zx \\ (x-3)^2+(y-3)^2=6 \end{cases}$$

得 $(z^2+1)x^2-6(z+1)x+12=0$

极值与最值

由 $\Delta = 0$,有
$$36(z+1)^2 - 48(z^2+1) = 0$$
解得 $z = 3 \pm 2\sqrt{2}$,最大值 $z = 3 + 2\sqrt{2}$. 选 A.

例 13 已知 x, y 满足 $x + y \geq 2$, $x - 4y + 8 \geq 0$, $3x - 2y - 6 \leq 0$. 求 $f(x, y) = 4x^2 + 9y^2 + 8x + 3$ 的最大值和最小值.

解 由题设,问题可写成如下形式
$$\max z = 4x^2 + 9y^2 + 8x + 3$$
$$\begin{cases} x + y \geq 2 \\ x - 4y + 8 \geq 0 \\ 3x - 2y - 6 \leq 0 \end{cases}$$
及
$$\min z = 4x^2 + 9y^2 + 8x + 3$$
$$\begin{cases} x + y \geq 2 \\ x - 4y + 8 \geq 0 \\ 3x - 2y - 6 \leq 0 \end{cases}$$

这是两个变量的非线性规划问题,它们具有明显的几何意义,可用图解法求解.

首先,目标函数 $z = 4x^2 + 9y^2 + 8x + 3$ 可化为
$$4(x+1)^2 + 9y^2 = z + 1$$
令 $t^2 = z + 1$,上式化为椭圆形式
$$\frac{(x+1)^2}{\left(\frac{t}{2}\right)^2} + \frac{y^2}{\left(\frac{t}{3}\right)^2} = 1$$

这一问题的图形见图 12.28 所示. 虚线为目标函数的等值线,阴影部分为满足不等式约束的区域. 由 $t^2 = z + 1$ 可知,要 z 最大,只要 t^2 最大,即椭圆要最大. 对于求最大值问题而言,椭圆过点 $C(4, 3)$ 时, z 有最大值,

最大值
$$f(x,y) = z = 4 \times 4^2 + 9 \times 3^2 + 8 \times 4 + 3 = 180$$

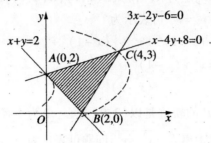

图 12.28

反之,z 要最小,椭圆要最小,对于求最小值问题而言,当椭圆与直线 AB 只有一个交点时,z 为最小值,解得

$$\begin{cases} x + y = 2 \\ 4(x+1)^2 + 9y^2 = t^2 \end{cases}$$

得
$$13y^2 + 24y + 36 - t^2 = 0$$

由 $\Delta = 0$,有
$$13t^2 - 324 = 0$$

解得 $t^2 = \dfrac{324}{13}$,有最小值 $z = t^2 - 1 = \dfrac{311}{13}$.

例 14(1983 年第 34 届美国中学数学竞赛题第 29 题) 点 P 落在给定的边长为 1 的正方形的同一平面上,令正方形的顶点按逆时针方向排列为 A, B, C, D,并令 P 到 A, B, C 的距离分别为 u, v, w. 若 $u^2 + v^2 = w^2$,则 P 到 D 的最大距离是(　　).

A. $1 + \sqrt{2}$　　B. $2\sqrt{2}$　　C. $2 + \sqrt{2}$

D. $3\sqrt{2}$　　E. $3 + \sqrt{2}$

极值与最值

解 为了便于用数量表达,我们将正方形的四个顶点坐标确定为 $A(1,0), B(1,1), C(0,1), D(0,0)$. 式子 $u^2 + v^2 = w^2$ 可表示为

$$(x-1)^2 + y^2 + [(x-1)^2 + (y-1)^2]$$
$$= x^2 + (y-1)^2$$

即
$$(x-2)^2 + y^2 = 2$$

可见,点 P 的轨迹是以 $(2,0)$ 为心,$\sqrt{2}$ 为半径的圆. 而 P 到 D 的距离为 $\sqrt{x^2 + y^2}$,问题可表达为

$$\max z = \sqrt{x^2 + y^2}, (x-2)^2 + y^2 = 2$$

这也是一个非线性规划问题. 由两个变量的图解法可知,圆上到点 D 的最远点是点 $E(2 + \sqrt{2}, 0)$,于是 P 到 D 的最大距离是 $2 + \sqrt{2}$,故本题应选择 C.

例 15 若实数 x, y 满足 $|x| + |y| = 5$,试求 $L = x^2 + y^2 - 2x$ 的最大值与最小值.

解 在平面直角坐标系中,约束条件 $|x| + |y| = 5$,确定的点集是如图 12.29 所示的正方形 $ABCD$ 的边界. 其中,顶点到中心的距离 $AO = BO = CO = DO = 5$.

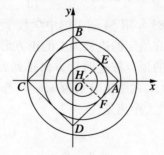

图 12.29

目标函数 $L = x^2 + y^2 - 2x$ 可写为 $(x-1)^2 + y^2 =$

$L+1$,当把 L 看作参数,它表示一个同心圆族(共同圆心为点 $H(1,0)$),$\sqrt{L+1}$ 表示圆的半径.显然,L 与 $\sqrt{L+1}$ 同时达到最大(小)值.因此,要求 L 的最大(小)值,只需求圆族中与正方形 $ABCD$ 的周界有公共点的具有最大(小)半径的圆.由图 12.29 显见,过点 C 的圆的半径最大,此时圆的半径为 $HC=6$. 于是,得

$$L_{\max}=6^2-1=35$$

其极大点为 $C(-5,0)$.

由图 12.29 可见,半径最小的圆是与正方形 $ABCD$ 的两边 AB,AD 相切的圆,此时圆的半径为

$$HE=HF=\frac{\sqrt{2}}{2}HA=2\sqrt{2}$$

于是得

$$L_{\min}=(2\sqrt{2})^2-1=7$$

极小点有两点:$E(3,2)$ 和 $F(3,-2)$.

例 16 在约束条件 $x^2+y^2 \leq 4$ 且 $x \geq 0$ 下,求目标函数 $L=\dfrac{y+5}{x+1}$ 的最大值与最小值.

解 易知约束条件 $x^2+y^2 \leq 4$ 且 $x \geq 0$ 所确定的点集是包括周界的半圆面(如图 12.30 所示的阴影部分).

目标函数 $L=\dfrac{y+5}{x+1}$ 可写为 $y+5=L(x+1)$. 当 L 为参数时,它表示过定点 $M(-1,-5)$ 的直线簇,而 L 是直线的斜率.现在来考察斜率的最大值与最小值.

由图 12.30 易见,当直线过 $A(0,2)$ 时,斜率最大,即

极值与最值

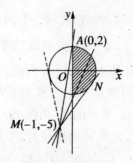

图 12.30

$$L_{\max} = K_{MA} = \frac{2+5}{1} = 7$$

当直线与圆 $x^2 + y^2 = 4$ 相切($x \geq 0$)时,斜率最小. 设切点 $N(x_0, y_0)$. 圆 $x^2 + y^2 = 4$ 过点 $N(x_0, y_0)$ 的切线方程为 $x_0 x + y_0 y = 4$. 因这切线过点 $M(-1, -5)$,所以 $-x_0 - 5y_0 = 4$,即 $x_0 = -5y_0 - 4$. 又点 $N(x_0, y_0)$ 在圆上,所以

$$(-5y_0 - 4)^2 + y_0^2 = 4$$

即

$$13y_0^2 + 20y_0 + 6 = 0$$

解得

$$y_0 = \frac{-10 \pm \sqrt{22}}{13}$$

所以

$$x_0 = -5y_0 - 4 = \frac{-2 \mp 5\sqrt{22}}{13}$$

因为 $x_0 \geq 0$,所以切点 N 的坐标为 $(\frac{-2 + 5\sqrt{22}}{13}, \frac{-10 - \sqrt{22}}{13})$. 所以

$$L_{\min} = k_{MN} = \frac{-5 + 2\sqrt{22}}{3}$$

习 题

1. 设 x,y,z 满足集合 $\{(x,y) | x+y+z=1, 0 \leq x \leq 1, 0 \leq y \leq 2, 3y+z \geq 2\}$,求 $F(x,y)=2x+6y+4z$ 的极大值与极小值.

2. 请图示出满足 $|x-1|+|y-1| \leq 1$ 的点 (x,y) 的存在区域,当点 (x,y) 在此区域内移动时,试求 $\lambda = y+2x$ 的最大值和最小值.

3. 已知 x,y,a,b 满足条件: $x \geq 0, y \geq 0, a \geq 0, b \geq 0, 2x+y+a=6, x+2y+b=6$,画图表示点 (x,y) 的存在范围,并求 $2x+3y$ 的最大值.

4. 对于不等式 (1) $1 \leq x+y \leq 4$;(2) $y \geq |2x+3|-2$,图示满足 (1),(2) 的点 (x,y) 存在的区域;若设 a 是大于 -1 的常数,在此区域内用 a 表示 $\mu = y-ax$ 的最大值和最小值.

5. 若 $x,y,1$ 是 $\triangle ABC$ 的三边长,且 $x<1, y<1$,如果把 x,y 的数值表示为直角坐标系中点 P 的坐标,试根据下列条件分别求出点 P 所存在的区域:
(1) $\triangle ABC$ 是任意三角形;(2) $\triangle ABC$ 是等腰三等形;
(3) $\triangle ABC$ 是直角三角形;(4) $\triangle ABC$ 是锐角三角形;
(5) $\triangle ABC$ 是钝角三角形.

6. 某工厂生产 A,B 两种产品,A,B 均使用 P,Q 这两种原料,每单位产品的原料需用量和利润如表 10 所示. 原料 P,Q 一天只能分别使用 65kg 和 84kg. 该厂要提高最大的利润,每天生产 A,B 分别为多少单位才行?

极值与最值

表 10

	P(kg)	Q(kg)	利用
A	10	7	3
B	5	9	2

7. 今有甲、乙两个产地生产相同产品供应给 A,B 两地,甲、乙每天分别生产物资 10^5t 和 8×10^4t,A,B 两地分别需要物资 6×10^4t 和 12×10^4t,已知甲、乙和 A,B 的距离如图 12.31 所示(单位:km),问每天怎样调运才能使总运输的吨千米数最小.

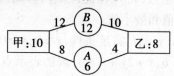

图 12.31

8. 已知 $f(x)=ax^2+bx$,且 $1\leqslant f(-1)\leqslant 2,2\leqslant f(1)\leqslant 4$,试求 $f(-2)$ 的极值.

9. 某厂能够生产甲、乙两种产品,已知生产这两种产品 1t 所需要的煤、电以及 1t 产品的产值如下表阶示(表 11):

表 11

	用煤(t)	用电(kW·h)	产值(千元)
甲种产品	7	2	8
乙种产品	3	5	11

但是国家每天分配给该厂的煤和电力有限制:每天供煤至多 56t,供电至多 45kW·h,问该厂如何安排生产,使得该厂日产值最大?

部分习题答案或提示

第 9 章

1~12. 略.

13. 作六边形 QTRUSV 如图 1 所示,其中 $QT \mathbin{/\mkern-2mu/} SU \mathbin{/\mkern-2mu/} AC$, $VS \mathbin{/\mkern-2mu/} TR \mathbin{/\mkern-2mu/} BC$, $UR \mathbin{/\mkern-2mu/} VQ \mathbin{/\mkern-2mu/} AB$,任作一条直线 $MN \mathbin{/\mkern-2mu/} BC$,交六边形周界于 M 和 N. 则当点 P 在 MN 上变动时,乘积 xyz 在 M 和 N 取得最小值. 从而当点在六边形 QTRUSV 上变化时, xyz 的最小值必取在周界上,而这又必取在六个顶点上且在六个顶点处取值相等.

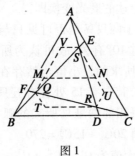

图 1

14. 先固定 z 值,求 $2x^2+y$ 的最大值和最小值. 然后让 z 变动,再求整体的最值. $A_{\max}=3, A_{\min}=\dfrac{57}{72}$.

15. 当 $x_1=x_2=\dfrac{1}{2}, x_3=\cdots=x_n=0$ 时,S 取最大值 $\dfrac{1}{4}$.

16. 当三角分别为 $\dfrac{\pi}{9},\dfrac{\pi}{9},\dfrac{7\pi}{9}$ 时,$\sin 3A+\sin 3B+\sin 3C=\dfrac{3}{2}\sqrt{3}$.

17. 不妨设 $a+b+c=1$,则当且仅当 $a=b=c=\dfrac{1}{3}$ 时等号成立.

由对称性知可设 $a\leqslant b\leqslant c$. 令 $a'=a+c-\dfrac{1}{3}, b'=b, c'=\dfrac{1}{3}$,于是 $a'+c'=a+c, a'c'\geqslant ac$. 因而有

$$\dfrac{a^2}{b+c}+\dfrac{c^2}{a+b}=\dfrac{(a+c)^3-3ac(a+c)+b(a+c)^2-2bac}{b^2+b(a+c)+ac}$$

$$\geqslant \dfrac{a'^2}{b'+c'}+\dfrac{c'^2}{a'+b'}$$

至多重复上述的磨光变换即得.

18. 由于两只鸟是否可见只与二者之间所夹的弧是否不超过 10° 有关,故可认为所有可能情形只有有限多种,故所求的最小值当然存在. 用调整法可证,当有 35 堆鸟,其中有 15 处各有五只鸟,其余 20 处各有四只鸟且每相邻两堆鸟所夹的弧大于 10° 时,可见对达到最小值 $20C_4^2+15C_5^2=270$.

19. 最大值为 $C_{10}^1+C_{10}^2+C_{10}^3=175$.

部分习题答案或提示

20. 当甲取 BC 中点 X 时,乙只好取 CA 中点 Y,从而甲可实现的最大面积为 $\frac{1}{4}$.

21. 如图 2 所示,当矩形一边在 BC 上时,记 $AG = x$,于是 $u = \dfrac{ax}{c}, v = \dfrac{h_a(c-x)}{c}$. 矩形 $DEFG$ 的对角线 l_a 的平方为

$$l_a^2(x) = (a^2 + h_a^2)\left(\frac{x}{c} - \frac{h_a^2}{a^2 + h_a^2}\right)^2 + \frac{a^2 h_a^2}{a^2 + h_a^2}$$

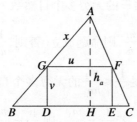

图 2

可见,对角线平方的最小值为

$$l_a^2 = \frac{4S_T^2}{a^2 + 4S_T^2 a^{-2}}$$

比较 l_a^2, l_b^2, l_c^2 之值,可知当矩形一边在三角形 T 的最大边上时, l^2 达到最小值. 不妨设 a 最大且 $S_T = \dfrac{1}{2}ah_a = \dfrac{1}{2}$,于是可证得 $a^2 + 4S_T^2 a^{-2} \geqslant \dfrac{7}{2\sqrt{3}}$ 且当 $a^2 = \dfrac{2}{\sqrt{3}}$ 时等号成立. 从而得知所求的最大值为 $\max\left(\dfrac{l^2}{S_T}\right) = \dfrac{4\sqrt{3}}{7}$.

22. 在 $a_3, a_4, \cdots, a_n$ 固定的情况下,考察 $|x - a_1| + |x - a_2|$ 的值的变化情形可知,当 x 在 a_1, a_2 之间时,

取得最小值. 从而可得(不妨设 $a_1 \leqslant a_2 \leqslant a_n$)最小值为 $-a_1 - a_2 - \cdots - a_m + a_{m+1} + a_n$ ($n = 2m$) 或 $-a_1 - a_2 - \cdots - a_m + a_{m+2} + a_n$ ($n = 2m+1$).

第 10 章

1~4. 略.

5. 满足 $\dfrac{1}{r} \leqslant \dfrac{m}{n}$ 的无穷多个自然数 r 中必有最小数记为 n_1. 若 $\dfrac{1}{n_1} = \dfrac{m}{n}$,则命题成立. 否则,$\dfrac{1}{n_1} < \dfrac{m}{n}$,令 $m_1 = mn_1 - n > 0$,满足 $\dfrac{1}{r} \leqslant \dfrac{m_1}{nn_1}$ 的无穷多个自然数 r 中必有最小数记为 n_2. 若 $\dfrac{1}{n_2} = \dfrac{m_1}{nn_1}$,则 $\dfrac{1}{n_2} = \dfrac{mn_1 - n}{nn_1}$,有 $\dfrac{m}{n} = \dfrac{1}{n_1} + \dfrac{1}{n_2}$,则命题成立. 否则,令 $m_2 = m_1 n_2 - nn_1 > 0$,满足 $\dfrac{1}{r} \leqslant \dfrac{m_2}{nn_1 n_2}$ 的无穷多个自然数 r 中必有最小数记为 n_3,若 $\dfrac{1}{n_3} = \dfrac{m_2}{nn_1 n_2}$,则

$$\dfrac{1}{n_3} = \dfrac{m_1 n_2 - nn_1}{nn_1 n_2} = \dfrac{(mn_1 - n)n_2 - nn_1}{nn_1 n_2}$$

$$= \dfrac{m}{n} - \dfrac{1}{n_1} - \dfrac{1}{n_2}$$

即 $\dfrac{m}{n} = \dfrac{1}{n_1} + \dfrac{1}{n_2} + \dfrac{1}{n_3}$

则结论成立. 否则,令 $m_3 = m_2 n_3 - nn_1 n_2$,如此继续下去,由作法知 $n_1 < n_2 < \cdots < n_k$. 又 $m > m_1 > m_2 > m_3 > \cdots$,故

必有 k 使 $m_k = 0$. 所以命题成立.

6~7. 略.

8. 设 $(x, y, z, t) = (m, n, p, q)$ 为方程的一组解,并且 x 取所有解中的最小值. 由方程可见, $t = q$ 必是偶数, 令 $q = 2q_1(q_1 \in \mathbf{N})$, 把 $m, n, p, 2q_1$ 代入方程后除以 2, 得

$$4m^4 + 2n^4 + p^4 = 8q_1^4$$

故 p 也是偶数. 令 $p = 2p_1(p_1 \in \mathbf{N})$, 又有

$$2m^4 + n^4 + 8p_1^4 = 4q_1^4$$

故 n 也是偶数. 令 $n = 2n_1(n_1 \in \mathbf{N})$, 得

$$m^4 + 8n_1^4 + 4p_1^4 = 2q_1^4$$

最后, 令 $m = 2m_1$, 得

$$8m_1^4 + 4n_1^4 + 2n_1^2 = q_1^4$$

由此知 (m_1, n_1, p_1, q_1) 也是原方程的一组自然数解, 且 $m_1 < m$. 这与 (m, n, p, q) 为自然数解中 X 取最小值 m 的解相矛盾, 从而得证.

9. 若 $S = \{0\}$, 则命题显然成立. 今设 $S \neq \{0\}$, 则 $S_+ \neq \varphi$ (S_+ 表示 S 中所有的正数组成的集合). 这是因为, S 非空, 存在非零 $c \in S$, 由 (1) 知, $0 = c - c \in S$, $-c = 0 - c \in S$, 在 $c, -c$ 中至少有一个为正. 从而 S_+ 中有最小数记为 d. 由 (2) 知 $nd \in S (n \in \mathbf{Z})$, 即 $\{nd \mid n \in \mathbf{Z}\} \subseteq S$. 另一方面, 对任意 $h \in S$, 则有 $h = nd + r, 0 \leqslant r < d$, 而 $r = h - nd$, 由 (1) 知 $r \in S$, 再由 d 是属于 S 的最小正整数, 故只可能 $r = 0$, 即 $h = nd$. 所以 $S \subseteq \{nd \mid n \in \mathbf{Z}\}$.

故 $S = \{nd \mid n \in \mathbf{Z}\}$. 所以命题成立.

10. 由最小数原理, 第一个数列是自然数列, 其中必有最小数 a_k. 考虑无穷数列 $a_{k_1+1}, a_{k_1+2}, \cdots$ 由最小数

原理,其中必有最小数 a_{k_1}($k_2 > k_1$). 再考虑无穷数列 $a_{k_1+1}, a_{k_1+2}, \cdots$ 由最小数原理,其中有最小数 a_{k_3}($k_3 > k_1$). 如此继续便得到第一个数列的一个子列

$$a_{k_1}, a_{k_2}, a_{k_3}, \cdots, a_{k_i}, \cdots \quad (1)$$

适合 $a_{k_1} < a_{k_2} < a_{k_3} < \cdots < a_{k_i} < \cdots$,考虑与子列(1)相应的第2个数列的子列

$$b_{k_1}, b_{k_2}, b_{k_3}, \cdots, b_{k_i}, \cdots \quad (2)$$

仿前面,反复应用最小数原理,从子列(2)中可以选出子列

$$b_{k_{i_1}} < b_{k_{i_2}}, b_{k_{i_3}}, \cdots, b_{k_{i_j}} \cdots$$

适合 $b_{k_{i_1}} < b_{k_{i_2}} < b_{k_{i_3}} < \cdots < b_{k_{i_j}} < \cdots$,$k_{i_1}, k_{i_2} < \cdots < k_{i_j} < \cdots$

现在一起来考察两个数列

$$a_{k_{i_1}}, a_{k_{i_2}}, a_{k_{i_3}}, \cdots, a_{k_{i_j}}, \cdots$$
$$b_{k_{i_1}}, b_{k_{i_2}}, b_{k_{i_3}}, \cdots, b_{k_{i_j}}, \cdots$$

这时不仅最后一个数理列是严格上升的,而且前面一个数列作为严格上升数列的子列,还是严格上升的. 这时取 k 为任意 k_{i_j},l 为大于 k_{i_j} 的任意 k_{i_s},显然就有 $a_k < a_l, b_k < b_l$.

11. 仿照第 10 题可给出证明.

12. 若 $n = 1$ 命题显然成立,今设 $n \geq 2$,由素数个数的无限性知:对于任何 n,必存在大于 $n! + 1$ 的素数. 由最小数原理,其中必有一个最小的素数,记为 p,由于

$$n! + 2, n! + 3, \cdots, n! + n$$

是 $n-1$ 个合数,故 $p > n! + n$. 即 $p - (n-1) > n! + 1$. 这样下面相继的自然数

$$n! + 2, n! + 3, \cdots, p - 1$$

都是合数，于是
$$p-n+1, p-n+2, \cdots, p-1$$
是相继的 $n-1$ 个合数，所以下面 n 个数符合命题要求
$$p-n+1, p-n+2, \cdots, p-1, p$$

13. 在已知数列中任取一项 a_q，把 $a_1, a_2, \cdots$ 分为模 a_q 的剩余类。由抽屉原则知，至少有一个剩余类有无穷多项，且在此剩余类中一定存在一个最小的数 a_p，而其他无穷多项都有 $a_m > a_p$。因为是在同一类中，所以
$$a_m \equiv a_p (\bmod a_q)$$
即
$$a_m = a_p + a_q y \quad (y \in \mathbf{N})$$
取 $x=1$，则有
$$a_m = x a_p + y a_q$$

14. 如图3所示，设有点 O 与六个点 A, B, C, D, E, F 相连，并且这六个点依顺时针排列。设 $\angle AOB$，$\angle BOC, \angle COD, \angle DOE, \angle EOF, \angle FOA$ 中 $\angle AOB$ 最小，则 $\angle AOB = 60°$.

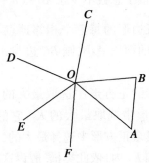

图3

又设 $OA > OB$，则 OA 不是 O 与到它最近的点的连线。因为 $\angle AOB \leq 60°$，所以 $OA > AB$，OA 也不是 A 与到

它最近的点的连线. 这说明 O,A 不应当用线段相连, 这矛盾表明任一点至多与五个点相连.

15. 设 (x,y) 满足方程, 且 k 是使行等式成立的最小正整数.

16. 设点 O 到边 AB 的距离最小, $OP \perp AB$, P 为垂足, 则 P 必落在 AB 边上.

17. 设 A 是与会者中朋友数量最多的一位学生, 令 A 有 n 个朋友, 分别记作 $B_i (i=1,2,\cdots,n)$, 同时亦用 B_i 表示该生拥有的朋友数量, 由题设知他们各自拥有的朋友数量不一样, 且都不超过 n 个朋友, 不妨设 $B_1 < B_2 < \cdots < B_n$, 则 $B_1 = 1, B_2 = 2, \cdots, B_n = n$. 因 $n \geqslant 89$, 所以 $B_{49} = 49$.

18. 设 n 行与 n 列中放置棋子最少的是一行, 它有棋子 k 枚, 过这 k 枚棋子每一枚所在格的那一列, 其上的棋子数不小于 k. 另一方面, 这一行有 $n-k$ 个空格, 过每一个空格的那一列的棋子数不小于 $n-k$. 从而, 棋盘上旋转的棋子总数不少于 $k^2 + (n-k)^2 \geqslant \dfrac{n^2}{2}$.

19. 设凸五边形的每三个相邻顶点所成的五个三角形中 $\triangle ABC$ 的面积最小, 则 BC 边与 AB 边上的箭头都指向 B.

20. 由已知的正方形中选取最大的 K_1, 然后由除此而外的正方形中选取最大的 K_2, 它的中心不在 K_1 内, 然后再从其余正方形中选择最大的, 它的中心也不在标出的 K_1 和 K_2 内, 依此类推. 假设这时某正方形中心 C 落到多于四个标出的正方形内, 那么 C 的两个对称轴将平面分成的四个部分中, 必有一块有两个标出的正方形的中心落在其中, 不难推出矛盾.

部分习题答案或提示

21. 对于任何 n,必存在大于 $n!+1$ 的素数,设其中最小的一个为 p. 由于 $n!+2,n!+3,\cdots,n!+n$ 是 $n-1$ 个合数,故 $p>n!+n$,即 $p-(n-1)>n!+1$. 这样 $n!+2,n!+3,\cdots,p-1$ 是合数. 于是 $p-n+1$,$p-n+2,\cdots,p-1$ 是相继的 $n-1$ 个合数. 所以 n 个数 $p-n+1,p-n+2,\cdots,p-1,p$ 符合命题要求.

22. 设在任何三个队找到两个已经互相比赛过的队,我们选出一个比赛场次最小的队 A,它共比赛 k 场. 已经与 A 比赛过的 k 个队中的每一个队和 A 队自己都进行了不少于 k 场比赛. 在没有与 A 队比赛的 $19-k$ 个队中的每一个都与其余所有 $18-k$ 个队比赛过,这样在他们中,任意三个队互相之间都进行过比赛. 这样一来,所有比赛场次的两部加上所有的队的比赛场次,不少于
$$k^2+k+(19-k)(18-k)(18-k)\geqslant 180$$

23. 设与之跳过舞的女青年人数最多的男青年之一为 b_1. 因 b_1 未与全部女青年跳过,故存在女青年 g_2 未与 b_1 跳过. 设 g_2 与男青年 b_2 跳过. 若凡与 b_1 跳过的女青年都与 b_2 跳,则与假设矛盾. 故在与 b_1 跳过的女青年中至少有一个 g_1 未与 b_2 跳过. b_1,b_2,g_1,g_2 即为所求.

24. 分别以 $a_1,a_2,\cdots,a_{19}$ 和 $b_1,b_2,\cdots,b_{88}$ 表示第一和第二行数. 不妨设
$$a_1+a_2+\cdots+a_{19}\geqslant b_1+b_2+\cdots+b_{88}$$
对每个 i,用 n_i 表示使
$$S(n)=a_1+a_2+\cdots+a_n-(b_1+b_2+\cdots+b_i)\geqslant 0$$
成立的最小的 n,用 S_i 表示 $S(n_i)$. 因为对每个 $j(j=1,2,\cdots,88)$,$a_{n_j}\leqslant 88$,所以 $0\leqslant S_j\leqslant 87$. 如果所有的 S_i 各

极值与最值(下卷)

不相等,则由 $0 \leq S_i \leq 87$ 知其中必有等于 0 的,此时结论成立. 如果有 $S_k - S_l (k < l)$,则有 $b_{k+1} + \cdots + b_l = a_{n_{k+1}} + \cdots + a_{n_l}$,结论仍成立.

25～26. 略.

27. $|a-b|$

$$= |a - \frac{b_1 x_1 + b_2 x_2 + \cdots + b_n x_n}{b_1 + b_2 + \cdots + b_n}|$$

$$= \frac{|b_1(a-x_1) + b_2(a-x_2) + \cdots + b_n(a-x_n)|}{b_1 + b_2 + \cdots + b_n}$$

$$\leq \frac{b_1|a-x_1| + b_2|a-x_2| + \cdots + b_n|a-x_n|}{b_1 + b_2 + \cdots + b_n}$$

在 $|a-x_1|, |a-x_2|, \cdots, |a-x_n|$ 中必有最大者,设为 $|a-x_k|$,则有

$$|a-b| \leq \frac{(b_1 + \cdots + b_n)|a-x_k|}{b_1 + b_2 + \cdots + b_n}$$

$$= |a-x_k|$$

再计算 $|a-x_k|$ 有

$$|a-x_k| = \left|\frac{a_1 x_1 + \cdots + a_n x_n}{a_1 + \cdots + a_n} - x_k\right|$$

$$= \frac{|a_1(x_1-x_i) + \cdots + a_n|x_n-x_k||}{a_1 + \cdots + a_n}$$

$$\leq \frac{a_1|x_1-x_i| + \cdots + a_n|x_n-x_k|}{a_1 + \cdots + a_n}$$

在 $|x_1-x_k|, \cdots, |x_n-x_k|$ 必有最大者,设为 $|x_i-x_k|$,则有

$$|a-x_k| \leq \frac{(a_1 + \cdots + a_n)|x_i-x_k|}{a_1 + \cdots + a_n}$$

$$= |x_i-x_k|$$

于是,存在 x_k, x_i,使

$$|a-b| \leqslant |a-x_1| \leqslant |x_i - x_k|$$

28~29. 略.

30. 如图 4 所示,设 M 为点 P 到正 n 边形各顶点的距离的集合,这是一个有限集,必有最小距离,设为 PA. 又设 B_1, B_2 为正 n 边形的某两个相邻顶点,联结 PA, PB_1, PB_2. 由于 $\angle B_1 AB_2$ 是 $\overset{\frown}{B_1 B_2}$ 上的圆周角,故

$$\angle B_1 AB_2 = \frac{180°}{n}$$

又 $PA < PB_1, PA < PB_2$,故

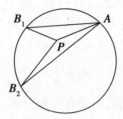

图 4

$\angle B_1 < \angle B_1 AP, \angle B_2 < \angle B_2 AP$

所以 $\angle B_1 + \angle B_2 < \angle B_1 AB_2 = \frac{180°}{n}$. 而

$$\angle APB_1 + \angle APB_2 = 360° - \angle B_1 - \angle B_2 - \angle B_1 AB_2$$

$$> 360° - \frac{360°}{n}$$

因此,必有一个点 $B_i (i = 1$ 或 $2)$,使得

$$\angle APB_i > 180° - \frac{180°}{n} > 180° - \frac{360°}{n}$$

设此 B_i 为 B,即有 $(1 - \frac{2}{n}) \times 180° < \angle APB < 180°$.

如果 P 在 AB_1 上,结论同样成立.

31. 由于只有有限个圆,所以必存在一个半径最大者,令其圆心为 O_1,半径为 r_1,面积为 A_1. 和圆 O_1 相交的圆必落在以 O_1 相交的圆心,$3r_1$ 为半径的圆内,去掉和圆 O_1 相交的圆,则剩下的圆和圆 O_1 不相交,设被去掉的圆与圆 O_1 总共盖住的面积为 S_1,则

$$S_1 \leqslant 9\pi r_1^2 = 9A_1$$

$$A_1 \geqslant \frac{1}{9}S_1$$

在和圆 O_1 不相交的有限多个圆中,再取半径最大者,设其中心为 O_2,半径为 r_2,面积为 A_2. 去掉和圆 O_2 相交的圆,余下的圆和圆 O_1,圆 O_2 都不相交. 设被去掉的圆与圆 O_2 总共盖住的面积为 S_2,则

$$S_2 \leqslant 9\pi r_2^2 = 9A_2$$

$$A_2 \geqslant \frac{1}{9}S_2$$

如此继续下去,由于有有限个圆,一定能做到使它们不相交为止,设此时有 k 个互不相交的圆,则

$$A_1 + A_2 + \cdots + A_k \geqslant \frac{1}{9}(S_1 + S_2 + \cdots S_k) = \frac{1}{9}$$

32~33. 略

第 12 章

1. 当 $\begin{cases} x=1 \\ y=1 \end{cases}$ 时,$F(x,y)_{\min} = 4$;当 $\begin{cases} x=0 \\ y=2 \end{cases}$ 时,$F(x,y)_{\max} = 8$.

2. 已知区域为顶点分别是 $A(1,0)$,$B(2,1)$,$C(1,2)$,$D(0,1)$ 的正方形内部及边界,当 $x=0$,$y=1$ 时,$(y+2x)_{\min} = 1$;当 $x=2$,$y=1$ 时,$(y+2x)_{\max} = 5$.

3. 点(x,y)存在的区域为

$\{(x,y)|x+2y\leq 6, 2x+y\leq 6, x\geq 0, y\geq 0\}$

当 $x=2, y=2$ 时，$(2x+3y)_{max}=10$.

4. $\mu_{max}=3a+7$；$\mu_{min}=-2a-1$（当$-1\leq a\leq 2y$ 时）或 $\mu_{min}=-3a+1$（当$2\leq a$ 时）.

5. 略.

6. 设 A 为 x 单位，B 为 y 单位，则 $\begin{cases} 10x+5y\leq 65 \\ 7x+9y\leq 84 \end{cases}$ 和利润 $k=3x+2y$. 当直线 $3x+2y=k$ 过区域的顶点 $(3,7)$ 时，$k_{max}=3\times 3+2\times 7=23$，所以 A 为 3 单位，B 为 7 单位.

7. 甲不运给 A 地，运给 B 地 10^5 t，乙运给 A 地 6×10^4 t，给 B 地 2×10^4 t，使总运输吨千米数最小.

8. $5\leq f(-2)\leq 100$.

9. 这就是说，这个工厂每天生产甲种产品 5t，乙种产品 7t，日产值将达到最大，最大值是 11.7 万元.

哈尔滨工业大学出版社刘培杰数学工作室
已出版(即将出版)图书目录

书　名	出版时间	定　价	编号
新编中学数学解题方法全书(高中版)上卷	2007—09	38.00	7
新编中学数学解题方法全书(高中版)中卷	2007—09	48.00	8
新编中学数学解题方法全书(高中版)下卷(一)	2007—09	42.00	17
新编中学数学解题方法全书(高中版)下卷(二)	2007—09	38.00	18
新编中学数学解题方法全书(高中版)下卷(三)	2010—06	58.00	73
新编中学数学解题方法全书(初中版)上卷	2008—01	28.00	29
新编中学数学解题方法全书(初中版)中卷	2010—07	38.00	75
新编中学数学解题方法全书(高考复习卷)	2010—01	48.00	67
新编中学数学解题方法全书(高考真题卷)	2010—01	38.00	62
新编中学数学解题方法全书(高考精华卷)	2011—03	68.00	118
新编平面解析几何解题方法全书(专题讲座卷)	2010—01	18.00	61
新编中学数学解题方法全书(自主招生卷)	2013—08	88.00	261
数学眼光透视	2008—01	38.00	24
数学思想领悟	2008—01	38.00	25
数学应用展观	2008—01	38.00	26
数学建模导引	2008—01	28.00	23
数学方法溯源	2008—01	38.00	27
数学史话览胜	2008—01	28.00	28
数学思维技术	2013—09	38.00	260
从毕达哥拉斯到怀尔斯	2007—10	48.00	9
从迪利克雷到维斯卡尔迪	2008—01	48.00	21
从哥德巴赫到陈景润	2008—05	98.00	35
从庞加莱到佩雷尔曼	2011—08	138.00	136
数学解题中的物理方法	2011—06	28.00	114
数学解题的特殊方法	2011—06	48.00	115
中学数学计算技巧	2012—01	48.00	116
中学数学证明方法	2012—01	58.00	117
数学趣题巧解	2012—03	28.00	128
三角形中的角格点问题	2013—01	88.00	207
含参数的方程和不等式	2012—09	28.00	213

哈尔滨工业大学出版社刘培杰数学工作室
已出版(即将出版)图书目录

书　　名	出版时间	定　价	编号
数学奥林匹克与数学文化(第一辑)	2006—05	48.00	4
数学奥林匹克与数学文化(第二辑)(竞赛卷)	2008—01	48.00	19
数学奥林匹克与数学文化(第二辑)(文化卷)	2008—07	58.00	36'
数学奥林匹克与数学文化(第三辑)(竞赛卷)	2010—01	48.00	59
数学奥林匹克与数学文化(第四辑)(竞赛卷)	2011—08	58.00	87
数学奥林匹克与数学文化(第五辑)	2014—09		370
发展空间想象力	2010—01	38.00	57
走向国际数学奥林匹克的平面几何试题诠释(上、下)(第1版)	2007—01	68.00	11,12
走向国际数学奥林匹克的平面几何试题诠释(上、下)(第2版)	2010—02	98.00	63,64
平面几何证明方法全书	2007—08	35.00	1
平面几何证明方法全书习题解答(第1版)	2005—10	18.00	2
平面几何证明方法全书习题解答(第2版)	2006—12	18.00	10
平面几何天天练上卷·基础篇(直线型)	2013—01	58.00	208
平面几何天天练中卷·基础篇(涉及圆)	2013—01	28.00	234
平面几何天天练下卷·提高篇	2013—01	58.00	237
平面几何专题研究	2013—07	98.00	258
最新世界各国数学奥林匹克中的平面几何试题	2007—09	38.00	14
数学竞赛平面几何典型题及新颖解	2010—07	48.00	74
初等数学复习及研究(平面几何)	2008—09	58.00	38
初等数学复习及研究(立体几何)	2010—06	38.00	71
初等数学复习及研究(平面几何)习题解答	2009—01	48.00	42
世界著名平面几何经典著作钩沉——几何作图专题卷(上)	2009—06	48.00	49
世界著名平面几何经典著作钩沉——几何作图专题卷(下)	2011—01	88.00	80
世界著名平面几何经典著作钩沉(民国平面几何老课本)	2011—03	38.00	113
世界著名解析几何经典著作钩沉——平面解析几何卷	2014—01	38.00	273
世界著名数论经典著作钩沉(算术卷)	2012—01	28.00	125
世界著名数学经典著作钩沉——立体几何卷	2011—02	28.00	88
世界著名三角学经典著作钩沉(平面三角卷Ⅰ)	2010—06	28.00	69
世界著名三角学经典著作钩沉(平面三角卷Ⅱ)	2011—01	38.00	78
世界著名初等数论经典著作钩沉(理论和实用算术卷)	2011—07	38.00	126
几何学教程(平面几何卷)	2011—03	68.00	90
几何学教程(立体几何卷)	2011—07	68.00	130
几何变换与几何证题	2010—06	88.00	70
计算方法与几何证题	2011—06	28.00	129
立体几何技巧与方法	2014—04	88.00	293
几何瑰宝——平面几何500名题暨1000条定理(上、下)	2010—07	138.00	76,77
三角形的解法与应用	2012—07	18.00	183
近代的三角形几何学	2012—07	48.00	184
一般折线几何学	即将出版	58.00	203
三角形的五心	2009—06	28.00	51
三角形趣谈	2012—08	28.00	212
解三角形	2014—01	28.00	265
三角学专门教程	2014—09	28.00	387
距离几何分析导引	2015—02	68.00	446

哈尔滨工业大学出版社刘培杰数学工作室
已出版(即将出版)图书目录

书　名	出版时间	定价	编号
圆锥曲线习题集(上册)	2013—06	68.00	255
圆锥曲线习题集(中册)	2015—01	78.00	434
圆锥曲线习题集(下册)	即将出版		
俄罗斯平面几何问题集	2009—08	88.00	55
俄罗斯立体几何问题集	2014—03	58.00	283
俄罗斯几何大师——沙雷金论数学及其他	2014—01	48.00	271
来自俄罗斯的5000道几何习题及解答	2011—03	58.00	89
俄罗斯初等数学问题集	2012—05	38.00	177
俄罗斯函数问题集	2011—03	38.00	103
俄罗斯组合分析问题集	2011—01	48.00	79
俄罗斯初等数学万题选——三角卷	2012—11	38.00	222
俄罗斯初等数学万题选——代数卷	2013—08	68.00	225
俄罗斯初等数学万题选——几何卷	2014—01	68.00	226
463个俄罗斯几何老问题	2012—01	28.00	152
近代欧氏几何学	2012—03	48.00	162
罗巴切夫斯基几何学及几何基础概要	2012—07	28.00	188
用三角、解析几何、复数、向量计算解数学竞赛几何题	2015—03	48.00	455
美国中学几何教程	2015—04	88.00	458
三线坐标与三角形特征点	2015—04	98.00	460
平面解析几何方法与研究(第1卷)	2015—05	18.00	471
平面解析几何方法与研究(第2卷)	2015—06	18.00	472
平面解析几何方法与研究(第3卷)	即将出版		473
超越吉米多维奇.数列的极限	2009—11	48.00	58
超越普里瓦洛夫.留数卷	2015—01	28.00	437
超越普里瓦洛夫.无穷乘积与它对解析函数的应用卷	2015—05	28.00	477
超越普里瓦洛夫.积分卷	2015—06	18.00	481
超越普里瓦洛夫.基础知识卷	2015—06	28.00	482
Barban Davenport Halberstam均值和	2009—01	40.00	33
初等数论难题集(第一卷)	2009—05	68.00	44
初等数论难题集(第二卷)(上、下)	2011—02	128.00	82,83
谈谈素数	2011—03	18.00	91
平方和	2011—03	18.00	92
数论概貌	2011—03	18.00	93
代数数论(第二版)	2013—08	58.00	94
代数多项式	2014—06	38.00	289
初等数论的知识与问题	2011—02	28.00	95
超越数论基础	2011—03	28.00	96
数论初等教程	2011—03	28.00	97
数论基础	2011—03	18.00	98
数论基础与维诺格拉多夫	2014—03	18.00	292
解析数论基础	2012—08	28.00	216
解析数论基础(第二版)	2014—01	48.00	287
解析数论问题集(第二版)	2014—05	88.00	343
解析几何研究	2015—01	38.00	425
初等几何研究	2015—02	58.00	444
数论入门	2011—03	38.00	99
代数数论入门	2015—03	38.00	448
数论开篇	2012—07	28.00	194
解析数论引论	2011—03	48.00	100

哈尔滨工业大学出版社刘培杰数学工作室
已出版(即将出版)图书目录

书　名	出版时间	定　价	编号
复变函数引论	2013—10	68.00	269
伸缩变换与抛物旋转	2015—01	38.00	449
无穷分析引论(上)	2013—04	88.00	247
无穷分析引论(下)	2013—04	98.00	245
数学分析	2014—04	28.00	338
数学分析中的一个新方法及其应用	2013—01	38.00	231
数学分析例选：通过范例学技巧	2013—01	88.00	243
高等代数例选：通过范例学技巧	2015—06	88.00	475
三角级数论(上册)(陈建功)	2013—01	38.00	232
三角级数论(下册)(陈建功)	2013—01	48.00	233
三角级数论(哈代)	2013—06	48.00	254
基础数论	2011—03	28.00	101
超越数	2011—03	18.00	109
三角和方法	2011—03	18.00	112
谈谈不定方程	2011—05	28.00	119
整数论	2011—05	38.00	120
随机过程(Ⅰ)	2014—01	78.00	224
随机过程(Ⅱ)	2014—01	68.00	235
整数的性质	2012—11	38.00	192
初等数论 100 例	2011—05	18.00	122
初等数论经典例题	2012—07	18.00	204
最新世界各国数学奥林匹克中的初等数论试题(上、下)	2012—01	138.00	144,145
算术探索	2011—12	158.00	148
初等数论(Ⅰ)	2012—01	18.00	156
初等数论(Ⅱ)	2012—01	18.00	157
初等数论(Ⅲ)	2012—01	28.00	158
组合数学	2012—04	28.00	178
组合数学浅谈	2012—03	28.00	159
同余理论	2012—05	38.00	163
丢番图方程引论	2012—03	48.00	172
平面几何与数论中未解决的新老问题	2013—01	68.00	229
法雷级数	2014—08	18.00	367
代数数论简史	2014—11	28.00	408
摆线族	2015—01	38.00	438
拉普拉斯变换及其应用	2015—02	38.00	447
函数方程及其解法	2015—05	38.00	470
罗巴切夫斯基几何学初步	2015—06	28.00	474
$[x]$与$\{x\}$	2015—04	48.00	476
历届美国中学生数学竞赛试题及解答(第一卷)1950—1954	2014—07	18.00	277
历届美国中学生数学竞赛试题及解答(第二卷)1955—1959	2014—04	18.00	278
历届美国中学生数学竞赛试题及解答(第三卷)1960—1964	2014—06	18.00	279
历届美国中学生数学竞赛试题及解答(第四卷)1965—1969	2014—04	28.00	280
历届美国中学生数学竞赛试题及解答(第五卷)1970—1972	2014—06	18.00	281
历届美国中学生数学竞赛试题及解答(第七卷)1981—1986	2015—01	18.00	424

哈尔滨工业大学出版社刘培杰数学工作室
已出版（即将出版）图书目录

书　名	出版时间	定　价	编号
历届 IMO 试题集(1959—2005)	2006—05	58.00	5
历届 CMO 试题集	2008—09	28.00	40
历届中国数学奥林匹克试题集	2014—10	38.00	394
历届加拿大数学奥林匹克试题集	2012—08	38.00	215
历届美国数学奥林匹克试题集：多解推广加强	2012—08	38.00	209
历届波兰数学竞赛试题集.第 1 卷,1949～1963	2015—03	18.00	453
历届波兰数学竞赛试题集.第 2 卷,1964～1976	2015—03	18.00	454
保加利亚数学奥林匹克	2014—10	38.00	393
圣彼得堡数学奥林匹克试题集	2015—01	48.00	429
历届国际大学生数学竞赛试题集(1994—2010)	2012—01	28.00	143
全国大学生数学夏令营数学竞赛试题及解答	2007—03	28.00	15
全国大学生数学竞赛辅导教程	2012—07	28.00	189
全国大学生数学竞赛复习全书	2014—04	48.00	340
历届美国大学生数学竞赛试题集	2009—03	88.00	43
前苏联大学生数学奥林匹克竞赛题解(上编)	2012—04	28.00	169
前苏联大学生数学奥林匹克竞赛题解(下编)	2012—04	38.00	170
历届美国数学邀请赛试题集	2014—01	48.00	270
全国高中数学竞赛试题及解答.第 1 卷	2014—07	38.00	331
大学生数学竞赛讲义	2014—09	28.00	371
高考数学临门一脚(含密押三套卷)(理科版)	2015—01	24.80	421
高考数学临门一脚(含密押三套卷)(文科版)	2015—01	24.80	422
新课标高考数学题型全归纳(文科版)	2015—05	72.00	467
新课标高考数学题型全归纳(理科版)	2015—05	82.00	468
整函数	2012—08	18.00	161
多项式和无理数	2008—01	68.00	22
模糊数据统计学	2008—03	48.00	31
模糊分析学与特殊泛函空间	2013—01	68.00	241
受控理论与解析不等式	2012—05	78.00	165
解析不等式新论	2009—06	68.00	48
反问题的计算方法及应用	2011—11	28.00	147
建立不等式的方法	2011—03	98.00	104
数学奥林匹克不等式研究	2009—08	68.00	56
不等式研究(第二辑)	2012—02	68.00	153
初等数学研究(Ⅰ)	2008—09	68.00	37
初等数学研究(Ⅱ)(上、下)	2009—05	118.00	46,47
中国初等数学研究　2009 卷(第 1 辑)	2009—05	20.00	45
中国初等数学研究　2010 卷(第 2 辑)	2010—05	30.00	68
中国初等数学研究　2011 卷(第 3 辑)	2011—07	60.00	127
中国初等数学研究　2012 卷(第 4 辑)	2012—07	48.00	190
中国初等数学研究　2014 卷(第 5 辑)	2014—02	48.00	288
数阵及其应用	2012—02	28.00	164
绝对值方程—折边与组合图形的解析研究	2012—07	48.00	186
不等式的秘密(第一卷)	2012—02	28.00	154
不等式的秘密(第一卷)(第 2 版)	2014—02	38.00	286
不等式的秘密(第二卷)	2014—01	38.00	268
初等不等式的证明方法	2010—06	38.00	123
初等不等式的证明方法(第二版)	2014—11	38.00	407

哈尔滨工业大学出版社刘培杰数学工作室已出版(即将出版)图书目录

书　名	出版时间	定　价	编号
数学奥林匹克在中国	2014—06	98.00	344
数学奥林匹克问题集	2014—01	38.00	267
数学奥林匹克不等式散论	2010—06	38.00	124
数学奥林匹克不等式欣赏	2011—09	38.00	138
数学奥林匹克超级题库(初中卷上)	2010—01	58.00	66
数学奥林匹克不等式证明方法和技巧(上、下)	2011—08	158.00	134,135
近代拓扑学研究	2013—04	38.00	239
新编640个世界著名数学智力趣题	2014—01	88.00	242
500个最新世界著名数学智力趣题	2008—06	48.00	3
400个最新世界著名数学最值问题	2008—09	48.00	36
500个世界著名数学征解问题	2009—06	48.00	52
400个中国最佳初等数学征解老问题	2010—01	48.00	60
500个俄罗斯数学经典老题	2011—01	28.00	81
1000个国外中学物理好题	2012—04	48.00	174
300个日本高考数学题	2012—05	38.00	142
500个前苏联早期高考数学试题及解答	2012—05	28.00	185
546个早期俄罗斯大学生数学竞赛题	2014—03	38.00	285
548个来自美苏的数学好问题	2014—11	28.00	396
20所苏联著名大学早期入学试题	2015—02	18.00	452
161道德国工科大学生必做的微分方程习题	2015—05	28.00	469
500个德国工科大学生必做的高数习题	2015—06	28.00	478
德国讲义日本考题.微积分卷	2015—04	48.00	456
德国讲义日本考题.微分方程卷	2015—04	38.00	457
博弈论精粹	2008—03	58.00	30
博弈论精粹.第二版(精装)	2015—01	88.00	461
数学 我爱你	2008—01	28.00	20
精神的圣徒　别样的人生——60位中国数学家成长的历程	2008—09	48.00	39
数学史概论	2009—06	78.00	50
数学史概论(精装)	2013—03	158.00	272
斐波那契数列	2010—02	28.00	65
数学拼盘和斐波那契魔方	2010—07	38.00	72
斐波那契数列欣赏	2011—01	28.00	160
数学的创造	2011—02	48.00	85
数学中的美	2011—02	38.00	84
数论中的美学	2014—12	38.00	351
数学王者　科学巨人——高斯	2015—01	28.00	428
王连笑教你怎样学数学:高考选择题解题策略与客观题实用训练	2014—01	48.00	262
王连笑教你怎样学数学:高考数学高层次讲座	2015—02	48.00	432
最新全国及各省市高考数学试卷解法研究及点拨评析	2009—02	38.00	41
高考数学的理论与实践	2009—08	38.00	53
中考数学专题总复习	2007—04	28.00	6
向量法巧解数学高考题	2009—08	28.00	54
高考数学核心题型解题方法与技巧	2010—01	28.00	86
高考思维新平台	2014—03	38.00	259
数学解题——靠数学思想给力(上)	2011—07	38.00	131
数学解题——靠数学思想给力(中)	2011—07	48.00	132
数学解题——靠数学思想给力(下)	2011—07	38.00	133
高中数学教学通鉴	2015—05	58.00	479

Ⅵ

哈尔滨工业大学出版社刘培杰数学工作室
已出版(即将出版)图书目录

书 名	出版时间	定 价	编号
我怎样解题	2013—01	48.00	227
和高中生漫谈:数学与哲学的故事	2014—08	28.00	369
2011年全国及各省市高考数学试题审题要津与解法研究	2011—10	48.00	139
2013年全国及各省市高考数学试题解析与点评	2014—01	48.00	282
全国及各省市高考数学试题审题要津与解法研究	2015—02	48.00	450
新课标高考数学——五年试题分章详解(2007~2011)(上、下)	2011—10	78.00	140,141
30分钟拿下高考数学选择题、填空题(第二版)	2012—01	28.00	146
全国中考数学压轴题审题要津与解法研究	2013—04	78.00	248
新编全国及各省市中考数学压轴题审题要津与解法研究	2014—05	58.00	342
全国及各省市5年中考数学压轴题审题要津与解法研究	2015—04	58.00	462
高考数学压轴题解题诀窍(上)	2012—02	78.00	166
高考数学压轴题解题诀窍(下)	2012—03	28.00	167
自主招生考试中的参数方程问题	2015—01	28.00	435
自主招生考试中的极坐标问题	2015—04	28.00	463
近年全国重点大学自主招生数学试题全解及研究.华约卷	2015—02	38.00	441
近年全国重点大学自主招生数学试题全解及研究.北约卷	即将出版		
格点和面积	2012—07	18.00	191
射影几何趣谈	2012—04	28.00	175
斯潘纳尔引理——从一道加拿大数学奥林匹克试题谈起	2014—01	28.00	228
李普希兹条件——从几道近年高考数学试题谈起	2012—10	18.00	221
拉格朗日中值定理——从一道北京高考试题的解法谈起	2012—10	18.00	197
闵科夫斯基定理——从一道清华大学自主招生试题谈起	2014—01	28.00	198
哈尔测度——从一道冬令营试题的背景谈起	2012—08	28.00	202
切比雪夫逼近问题——从一道中国台北数学奥林匹克试题谈起	2013—04	38.00	238
伯恩斯坦多项式与贝齐尔曲面——从一道全国高中数学联赛试题谈起	2013—03	38.00	236
卡塔兰猜想——从一道普特南竞赛试题谈起	2013—06	18.00	256
麦卡锡函数和阿克曼函数——从一道前南斯拉夫数学奥林匹克试题谈起	2012—08	18.00	201
贝蒂定理与拉姆贝克莫斯尔定理——从一个拣石子游戏谈起	2012—08	18.00	217
皮亚诺曲线和豪斯道夫分球定理——从无限集谈起	2012—08	18.00	211
平面凸图形与凸多面体	2012—10	28.00	218
斯坦因豪斯问题——从一道二十五省市自治区中学数学竞赛试题谈起	2012—07	18.00	196
纽结理论中的亚历山大多项式与琼斯多项式——从一道北京市高一数学竞赛试题谈起	2012—07	28.00	195
原则与策略——从波利亚"解题表"谈起	2013—04	38.00	244
转化与化归——从三大尺规作图不能问题谈起	2012—08	28.00	214
代数几何中的贝祖定理(第一版)——从一道IMO试题的解法谈起	2013—08	18.00	193
成功连贯理论与约当块理论——从一道比利时数学竞赛试题谈起	2012—04	18.00	180
磨光变换与范·德·瓦尔登猜想——从一道环球城市竞赛试题谈起	即将出版		
素数判定与大数分解	2014—08	18.00	199
置换多项式及其应用	2012—10	18.00	220
椭圆函数与模函数——从一道美国加州大学洛杉矶分校(UCLA)博士资格考题谈起	2012—10	28.00	219

哈尔滨工业大学出版社刘培杰数学工作室 已出版(即将出版)图书目录

书 名	出版时间	定 价	编号
差分方程的拉格朗日方法——从一道 2011 年全国高考理科试题的解法谈起	2012—08	28.00	200
力学在几何中的一些应用	2013—01	38.00	240
高斯散度定理、斯托克斯定理和平面格林定理——从一道国际大学生数学竞赛试题谈起	即将出版		
康托洛维奇不等式——从一道全国高中联赛试题谈起	2013—03	28.00	337
西格尔引理——从一道第 18 届 IMO 试题的解法谈起	即将出版		
罗斯定理——从一道前苏联数学竞赛试题谈起	即将出版		
拉克斯定理和阿廷定理——从一道 IMO 试题的解法谈起	2014—01	58.00	246
毕卡大定理——从一道美国大学数学竞赛试题谈起	2014—07	18.00	350
贝齐尔曲线——从一道全国高中联赛试题谈起	即将出版		
拉格朗日乘子定理——从一道 2005 年全国高中联赛试题的高等数学解法谈起	2015—05	28.00	480
雅可比定理——从一道日本数学奥林匹克试题谈起	2013—04	48.00	249
李天岩—约克定理——从一道波兰数学竞赛试题谈起	2014—06	28.00	349
整系数多项式因式分解的一般方法——从克朗耐克算法谈起	即将出版		
布劳维不动点定理——从一道前苏联数学奥林匹克试题谈起	2014—01	38.00	273
压缩不动点定理——从一道高考数学试题的解法谈起	即将出版		
伯恩赛德定理——从一道英国数学奥林匹克试题谈起	即将出版		
布查特—莫斯特定理——从一道上海市初中竞赛试题谈起	即将出版		
数论中的同余数问题——从一道普特南竞赛试题谈起	即将出版		
范·德蒙行列式——从一道美国数学奥林匹克试题谈起	即将出版		
中国剩余定理:总数法构建中国历史年表	2015—01	28.00	430
牛顿程序与方程求根——从一道全国高考试题解法谈起	即将出版		
库默尔定理——从一道 IMO 预选试题谈起	即将出版		
卢丁定理——从一道冬令营试题的解法谈起	即将出版		
沃斯滕霍姆定理——从一道 IMO 预选试题谈起	即将出版		
卡尔松不等式——从一道莫斯科数学奥林匹克试题谈起	即将出版		
信息论中的香农熵——从一道近年高考压轴题谈起	即将出版		
约当不等式——从一道希望杯竞赛试题谈起	即将出版		
拉比诺维奇定理	即将出版		
刘维尔定理——从一道《美国数学月刊》征解问题的解法谈起	即将出版		
卡塔兰恒等式与级数求和——从一道 IMO 试题的解法谈起	即将出版		
勒让德猜想与素数分布——从一道爱尔兰竞赛试题谈起	即将出版		
天平称重与信息论——从一道基辅市数学奥林匹克试题谈起	即将出版		
哈密尔顿—凯莱定理:从一道高中数学联赛试题的解法谈起	2014—09	18.00	376
艾思特曼定理——从一道 CMO 试题的解法谈起	即将出版		

哈尔滨工业大学出版社刘培杰数学工作室
已出版(即将出版)图书目录

书　名	出版时间	定　价	编号
一个爱尔特希问题——从一道西德数学奥林匹克试题谈起	即将出版		
有限群中的爱丁格尔问题——从一道北京市初中二年级数学竞赛试题谈起	即将出版		
贝克码与编码理论——从一道全国高中联赛试题谈起	即将出版		
帕斯卡三角形	2014—03	18.00	294
蒲丰投针问题——从2009年清华大学的一道自主招生试题谈起	2014—01	38.00	295
斯图姆定理——从一道"华约"自主招生试题的解法谈起	2014—01	18.00	296
许瓦兹引理——从一道加利福尼亚大学伯克利分校数学系博士生试题谈起	2014—08	18.00	297
拉格朗日中值定理——从一道北京高考试题的解法谈起	2014—01		298
拉姆塞定理——从王诗宬院士的一个问题谈起	2014—01		299
坐标法	2013—12	28.00	332
数论三角形	2014—04	38.00	341
毕克定理	2014—07	18.00	352
数林掠影	2014—09	48.00	389
我们周围的概率	2014—10	38.00	390
凸函数最值定理:从一道华约自主招生题的解法谈起	2014—10	28.00	391
易学与数学奥林匹克	2014—10	38.00	392
生物数学趣谈	2015—01	18.00	409
反演	2015—01		420
因式分解与圆锥曲线	2015—01	18.00	426
轨迹	2015—01	28.00	427
面积原理:从常庚哲命的一道CMO试题的积分解法谈起	2015—01	48.00	431
形形色色的不动点定理:从一道28届IMO试题谈起	2015—01	38.00	439
柯西函数方程:从一道上海交大自主招生的试题谈起	2015—02	28.00	440
三角恒等式	2015—02	28.00	442
无理性判定:从一道2014年"北约"自主招生试题谈起	2015—01	38.00	443
数学归纳法	2015—03	18.00	451
极端原理与解题	2015—04	28.00	464
中等数学英语阅读文选	2006—12	38.00	13
统计学专业英语	2007—03	28.00	16
统计学专业英语(第二版)	2012—07	48.00	176
统计学专业英语(第三版)	2015—04	68.00	465
幻方和魔方(第一卷)	2012—05	68.00	173
尘封的经典——初等数学经典文献选读(第一卷)	2012—07	48.00	205
尘封的经典——初等数学经典文献选读(第二卷)	2012—07	38.00	206
实变函数论	2012—06	78.00	181
非光滑优化及其变分分析	2014—01	48.00	230
疏散的马尔科夫链	2014—01	58.00	266
马尔科夫过程论基础	2015—01	28.00	433
初等微分拓扑学	2012—07	18.00	182
方程式论	2011—03	38.00	105
初级方程式论	2011—03	28.00	106
Galois 理论	2011—03	18.00	107
古典数学难题与伽罗瓦理论	2012—11	58.00	223
伽罗华与群论	2014—01	28.00	290
代数方程的根式解及伽罗瓦理论	2011—03	28.00	108
代数方程的根式解及伽罗瓦理论(第二版)	2015—01	28.00	423

哈尔滨工业大学出版社刘培杰数学工作室
已出版(即将出版)图书目录

书　名	出版时间	定　价	编号
线性偏微分方程讲义	2011—03	18.00	110
N体问题的周期解	2011—03	28.00	111
代数方程式论	2011—05	18.00	121
动力系统的不变量与函数方程	2011—07	48.00	137
基于短语评价的翻译知识获取	2012—02	48.00	168
应用随机过程	2012—04	48.00	187
概率论导引	2012—04	18.00	179
矩阵论(上)	2013—06	58.00	250
矩阵论(下)	2013—06	48.00	251
趣味初等方程妙题集锦	2014—09	48.00	388
趣味初等数论选美与欣赏	2015—02	48.00	445
对称锥互补问题的内点法：理论分析与算法实现	2014—08	68.00	368
抽象代数：方法导引	2013—06	38.00	257
闵嗣鹤文集	2011—03	98.00	102
吴从炘数学活动三十年(1951～1980)	2010—07	99.00	32
函数论	2014—11	78.00	395
耕读笔记(上卷)：一位农民数学爱好者的初数探索	2015—04	48.00	459
耕读笔记(中卷)：一位农民数学爱好者的初数探索	2015—05	28.00	483
耕读笔记(下卷)：一位农民数学爱好者的初数探索	2015—05	28.00	484
数贝偶拾——高考数学题研究	2014—04	28.00	274
数贝偶拾——初等数学研究	2014—04	38.00	275
数贝偶拾——奥数题研究	2014—04	48.00	276
集合、函数与方程	2014—01	28.00	300
数列与不等式	2014—01	38.00	301
三角与平面向量	2014—01	28.00	302
平面解析几何	2014—01	38.00	303
立体几何与组合	2014—01	28.00	304
极限与导数、数学归纳法	2014—01	38.00	305
趣味数学	2014—03	28.00	306
教材教法	2014—04	68.00	307
自主招生	2014—05	58.00	308
高考压轴题(上)	2014—11	48.00	309
高考压轴题(下)	2014—10	68.00	310
从费马到怀尔斯——费马大定理的历史	2013—10	198.00	I
从庞加莱到佩雷尔曼——庞加莱猜想的历史	2013—10	298.00	II
从切比雪夫到爱尔特希(上)——素数定理的初等证明	2013—07	48.00	III
从切比雪夫到爱尔特希(下)——素数定理100年	2012—12	98.00	III
从高斯到盖尔方特——二次域的高斯猜想	2013—10	198.00	IV
从库默尔到朗兰兹——朗兰兹猜想的历史	2014—01	98.00	V
从比勃巴赫到德布朗斯——比勃巴赫猜想的历史	2014—02	298.00	VI
从麦比乌斯到陈省身——麦比乌斯变换与麦比乌斯带	2014—02	298.00	VII
从布尔到豪斯道夫——布尔方程与格论漫谈	2013—10	198.00	VIII
从开普勒到阿诺德——三体问题的历史	2014—05	298.00	IX
从华林到华罗庚——华林问题的历史	2013—10	298.00	X

哈尔滨工业大学出版社刘培杰数学工作室
已出版(即将出版)图书目录

书　名	出版时间	定　价	编号
吴振奎高等数学解题真经(概率统计卷)	2012—01	38.00	149
吴振奎高等数学解题真经(微积分卷)	2012—01	68.00	150
吴振奎高等数学解题真经(线性代数卷)	2012—01	58.00	151
高等数学解题全攻略(上卷)	2013—06	58.00	252
高等数学解题全攻略(下卷)	2013—06	58.00	253
高等数学复习纲要	2014—01	18.00	384
钱昌本教你快乐学数学(上)	2011—12	48.00	155
钱昌本教你快乐学数学(下)	2012—03	58.00	171
三角函数	2014—01	38.00	311
不等式	2014—01	38.00	312
数列	2014—01	38.00	313
方程	2014—01	28.00	314
排列和组合	2014—01	28.00	315
极限与导数	2014—01	28.00	316
向量	2014—09	38.00	317
复数及其应用	2014—08	28.00	318
函数	2014—01	38.00	319
集合	即将出版		320
直线与平面	2014—01	28.00	321
立体几何	2014—04	28.00	322
解三角形	即将出版		323
直线与圆	2014—01	28.00	324
圆锥曲线	2014—01	38.00	325
解题通法(一)	2014—07	38.00	326
解题通法(二)	2014—07	38.00	327
解题通法(三)	2014—05	38.00	328
概率与统计	2014—01	28.00	329
信息迁移与算法	即将出版		330
第19~23届"希望杯"全国数学邀请赛试题审题要津详细评注(初一版)	2014—03	28.00	333
第19~23届"希望杯"全国数学邀请赛试题审题要津详细评注(初二、初三版)	2014—03	38.00	334
第19~23届"希望杯"全国数学邀请赛试题审题要津详细评注(高一版)	2014—03	28.00	335
第19~23届"希望杯"全国数学邀请赛试题审题要津详细评注(高二版)	2014—03	38.00	336
第19~25届"希望杯"全国数学邀请赛试题审题要津详细评注(初一版)	2015—01	38.00	416
第19~25届"希望杯"全国数学邀请赛试题审题要津详细评注(初二、初三版)	2015—01	58.00	417
第19~25届"希望杯"全国数学邀请赛试题审题要津详细评注(高一版)	2015—01	48.00	418
第19~25届"希望杯"全国数学邀请赛试题审题要津详细评注(高二版)	2015—01	48.00	419
物理奥林匹克竞赛大题典——力学卷	2014—11	48.00	405
物理奥林匹克竞赛大题典——热学卷	2014—04	28.00	339
物理奥林匹克竞赛大题典——电磁学卷	即将出版		406
物理奥林匹克竞赛大题典——光学与近代物理卷	2014—06	28.00	345

哈尔滨工业大学出版社刘培杰数学工作室已出版(即将出版)图书目录

书 名	出版时间	定 价	编号
历届中国东南地区数学奥林匹克试题集(2004～2012)	2014-06	18.00	346
历届中国西部地区数学奥林匹克试题集(2001～2012)	2014-07	18.00	347
历届中国女子数学奥林匹克试题集(2002～2012)	2014-08	18.00	348
几何变换(Ⅰ)	2014-07	28.00	353
几何变换(Ⅱ)	即将出版		354
几何变换(Ⅲ)	2015-01	38.00	355
几何变换(Ⅳ)	即将出版		356
美国高中数学竞赛五十讲.第1卷(英文)	2014-08	28.00	357
美国高中数学竞赛五十讲.第2卷(英文)	2014-08	28.00	358
美国高中数学竞赛五十讲.第3卷(英文)	2014-09	28.00	359
美国高中数学竞赛五十讲.第4卷(英文)	2014-09	28.00	360
美国高中数学竞赛五十讲.第5卷(英文)	2014-10	28.00	361
美国高中数学竞赛五十讲.第6卷(英文)	2014-11	28.00	362
美国高中数学竞赛五十讲.第7卷(英文)	2014-12	28.00	363
美国高中数学竞赛五十讲.第8卷(英文)	2015-01	28.00	364
美国高中数学竞赛五十讲.第9卷(英文)	2015-01	28.00	365
美国高中数学竞赛五十讲.第10卷(英文)	2015-02	38.00	366
IMO 50年.第1卷(1959-1963)	2014-11	28.00	377
IMO 50年.第2卷(1964-1968)	2014-11	28.00	378
IMO 50年.第3卷(1969-1973)	2014-09	28.00	379
IMO 50年.第4卷(1974-1978)	即将出版		380
IMO 50年.第5卷(1979-1984)	2015-04	38.00	381
IMO 50年.第6卷(1985-1989)	2015-04	58.00	382
IMO 50年.第7卷(1990-1994)	即将出版		383
IMO 50年.第8卷(1995-1999)	即将出版		384
IMO 50年.第9卷(2000-2004)	2015-04	58.00	385
IMO 50年.第10卷(2005-2008)	即将出版		386
历届美国大学生数学竞赛试题集.第一卷(1938-1949)	2015-01	28.00	397
历届美国大学生数学竞赛试题集.第二卷(1950-1959)	2015-01	28.00	398
历届美国大学生数学竞赛试题集.第三卷(1960-1969)	2015-01	28.00	399
历届美国大学生数学竞赛试题集.第四卷(1970-1979)	2015-01	18.00	400
历届美国大学生数学竞赛试题集.第五卷(1980-1989)	2015-01	28.00	401
历届美国大学生数学竞赛试题集.第六卷(1990-1999)	2015-01	28.00	402
历届美国大学生数学竞赛试题集.第七卷(2000-2009)	即将出版		403
历届美国大学生数学竞赛试题集.第八卷(2010-2012)	2015-01	18.00	404

哈尔滨工业大学出版社刘培杰数学工作室
已出版(即将出版)图书目录

书 名	出版时间	定 价	编号
新课标高考数学创新题解题诀窍:总论	2014—09	28.00	372
新课标高考数学创新题解题诀窍:必修1~5分册	2014—08	38.00	373
新课标高考数学创新题解题诀窍:选修2-1,2-2,1-1,1-2分册	2014—09	38.00	374
新课标高考数学创新题解题诀窍:选修2-3,4-4,4-5分册	2014—09	18.00	375
全国重点大学自主招生英文数学试题全攻略:词汇卷	即将出版		410
全国重点大学自主招生英文数学试题全攻略:概念卷	2015—01	28.00	411
全国重点大学自主招生英文数学试题全攻略:文章选读卷(上)	即将出版		412
全国重点大学自主招生英文数学试题全攻略:文章选读卷(下)	即将出版		413
全国重点大学自主招生英文数学试题全攻略:试题卷	即将出版		414
全国重点大学自主招生英文数学试题全攻略:名著欣赏卷	即将出版		415

联系地址:哈尔滨市南岗区复华四道街 10 号 哈尔滨工业大学出版社刘培杰数学工作室
网 址:http://lpj.hit.edu.cn/
邮 编:150006
联系电话:0451—86281378 13904613167
E-mail:lpj1378@163.com